棉花

王 刚 陈 兵 ◎ 主编

化学打顶

技术与应用

中国农业出版社
北京

U0239264

王刚，硕士，副研究员，主要从事棉花新品种选育和农业新技术推广工作，主持和参加国家、新疆生产建设兵团、地区级课题 30 余项。参加选育与推广新陆早 14、36、43、56、61、67、70、74 号和新彩棉 13 号 9 个棉花新品种，是新陆早 43 号、56 号、61 号、70 号、74 号的主要育成者和推广者。先后获农业部丰收一等奖 1 项、二等奖 1 项，新疆生产建设兵团科技进步二等奖 3 项和石河子市科技进步一等奖 3 项、二等奖 2 项。授权发明专利 3 项，实用新型专利 5 项，发表论文 40 多篇，参编专著 1 部，编辑培训教材 20 多册。获第八届中国技术市场金桥奖先进个人荣誉称号。

陈兵，博士，硕士生导师，副研究员，长期在新疆农垦科学院棉花研究所从事作物栽培生理与农业遥感监测研究，主持国家自然基金、新疆生产建设兵团重大专项等各级科研项目 5 项，*International Journal of Applied Agricultual Science* 编委，国家自然基金函评专家，新疆生产建设兵团棉花工程技术研究中心副秘书长，新疆生产建设兵团棉花产业技术创新战略联盟副秘书长。长期在新疆生产建设兵团南北疆团场开展科技服务。发表学术论文 60 多篇，其中 SCI 论文 12 篇，EI 论文 3 篇，曾获中国棉花学会"优秀论文二等奖"。授权发明专利 4 项，实用新型专利 10 项，软件登记权 3 项。编写专著 2 本。荣获"兵团优秀科技特派员""全国遥感信息处理工程师"、新疆农垦科学院"优秀科技工作者"等荣誉称号。

编委会名单

前　言

　　新疆北疆片区属早熟棉亚区，棉花生长季节短，劳动力短缺，棉花生产风险大，栽培技术要求较高，尤其对机械化水平的要求更高。经过长期的探索和实践，该区棉花生产从耕地到施肥、从播种到收获各环节已基本实现了机械化，唯独在棉花打顶环节未能实现机械化。打顶一直是制约新疆生产建设兵团（以下简称"兵团"）棉花全程机械化的关键环节，也是目前兵团植棉全程机械化中的最后一个环节。解决机械打顶问题，不仅能够节本增效，实现棉花全程机械化，而且能够解放劳动力，缩短打顶时间，将是新疆棉花植棉史上继地膜覆盖、节水灌溉、机械采收之后的又一重大技术革命，对兵团乃至世界棉花产业的发展将产生重要影响。

　　目前，棉花打顶技术包括人工打顶和机械打顶两种方式，人工打顶费工、费时，成本高，而且质量和效果都很不理想，很难满足当前棉花生产全程机械化和节本高效的要求。机械打顶在国内尚不成熟，虽然兵团也进行了棉花打顶机的研制和生产，但机械性能结构目前还处于试验阶段。由于机械打顶过程对土地的平整状况、棉花长势高矮的均匀程度等方面有较高的要求，同时对棉株蕾铃造成一定的机械损伤，降低了棉花成铃数，从而一定程度上影响了棉花产量，因而该项技术目前仍未实现大面积示范推广。近年来随着工价上涨，新疆棉花生产中人工打顶的用工紧缺现象日益凸显，寻求一种能替代棉花人工打顶的生产方式已迫在眉睫。

化学打顶技术是利用植物生长调节物质，强力延缓或抑制棉花顶尖生长，达到控顶的目的。它是以生物制剂为主导的化学打顶技术。该项技术节本增效显著，有效提高了劳动效率，减轻了劳动强度，显著提高棉花打顶的时效性，同时塑造理想的株型，改善棉田通风透光条件，拓展了棉花群体容量，提高了棉花的抗逆性，在对棉花品质影响小的前提下提高了棉花的产量，是当前最有前景的棉花打顶新技术。该项技术的实施将促进棉花产业发展方式转变，提升产业发展水平和产业竞争力，推进兵团棉花产区实现资源优势向经济优势转变，加快兵团"三化"建设的步伐，提高棉农的幸福指数，实现快乐、轻松、高效植棉。

本书旨在探讨棉花化学打顶生产技术理论与实践，围绕化学打顶在棉花生产上应用的发展历程与现状、主要产品、使用效果、原理以及配套栽培管理技术进行阐述。

目　录

前言

第一章　棉花化学打顶技术历史与现状 ················· 1

第一节　国内外化学打顶技术 ························· 1

第二节　新疆棉花化学打顶技术应用与推广 ··········· 5

第二章　棉花形态特征与生物学特性 ··············· 17

第一节　棉花形态学特征 ···························· 17

第二节　棉花生物学特征 ···························· 27

第三章　棉花化学打顶剂产品及其使用方法 ········· 32

第一节　土优塔棉花打顶剂及其使用方法 ··········· 32

第二节　浙江禾田化工氟节胺打顶剂及其使用方法 ··· 33

第三节　其他化学打顶剂及其使用方法 ············· 34

第四章　棉花化学打顶剂使用效果及原理 ··········· 37

第一节　化学打顶剂对棉花农艺性状及经济性状的影响 ····· 37

第二节　化学打顶剂对棉花生理特性的影响 ··········· 47

第三节　化学打顶剂对棉花内源激素的影响 ··········· 56

第四节　化学打顶剂对棉花群体容量效应的影响 ······· 64

第五章　棉花化学打顶剂配套生产技术 …………… 70

第一节　北疆早熟陆地棉化学打顶技术规程 …………… 70

第二节　新疆早熟陆地棉化学打顶与后期管理技术规程 … 73

第三节　北疆杂交棉化学打顶与后期管理技术规程 ……… 75

第四节　南疆中熟陆地棉化学打顶与后期管理技术规程 … 79

第五节　新疆棉花化学打顶后期脱叶技术规程 ………… 83

第六节　新疆棉区化学打顶田间化学调控技术 ………… 86

第七节　土优塔棉花打顶剂化学打顶配套栽培管理技术 … 89

第八节　禾田福可打顶剂化学打顶使用技术 ………… 98

第九节　金棉打顶剂化学打顶使用技术 ………………… 101

参考文献 ……………………………………………… 104

后记 ………………………………………………… 106

第一章 棉花化学打顶技术历史与现状

第一节 国内外化学打顶技术

生物产品的研究与开发是现代农业高新技术的重要组成部分，而植物生长调节剂又是国际农业高新技术领域竞争的焦点之一。国外生物调节剂已商品化的品种有 100 多个。我国登记使用的植物生长调节剂有 38 个品种，广泛应用在蔬菜、果树、棉花、烟草、水稻、小麦、玉米和大豆等作物。植物生长调节剂又称为植物外源激素，是用于调节植物生长、发育的一类物质，一般通过人工合成或微生物发酵等方式生产，其生理作用和生物学效应与天然植物激素（植物体内天然存在的一类化合物）相同或相近。化学打顶就是通过采用喷施植物生长调节剂，使植物主茎和果枝的顶端优势减弱并受到一定程度的抑制，进而代替人工打顶的方法。

一、国内外化学打顶技术的发展历程

国外化学打顶技术的研究应用都是从在烟草植物上应用抑芽剂开始的，20 世纪 40 年代，世界各产烟国都认识到人工打顶的弊端，纷纷开始研究应用化学抑制剂抑制腋芽。20 世纪 40 年代末期，美国北卡罗来纳州立大学研究发现吲哚乙酸对烟草腋芽有抑制作用。20 世纪 50 年代，国内曾用顺丁烯二酸酰肼（简称

MH）等进行试验，认为 MH 的抑芽效果较好。MH 曾一度被各国广泛应用，美国当时有 90% 以上的烟田应用 MH，日本、巴西等国都曾普遍使用。20 世纪 60 年代初，人们开始研究脂肪醇类和酯类抑芽剂。美国用醋酸二甲基十二烷胺盐溶液施药 2 次对腋芽的杀死率可达 82%，加拿大曾普遍采用 $C_8 \sim C_{10}$ 脂肪醇抑制腋芽，津巴布韦采用 504 化学除草剂来抑制腋芽。

抑芽剂在我国烟草上使用不过十几年的历史，但近年来发展很快。20 世纪 80 年代以来，我国使用较为广泛的是 504 化学除草剂类触杀型和 MH 类内吸型抑芽剂。目前，在我国烟草上登记和正在推广应用的主要抑芽剂品种有 125 克/升氟节胺乳油、25% 氟节胺乳油、33% 二甲戊灵乳油等 14 种。其中，进口产品（如诺华公司的抑芽敏、氰胺公司的除芽通、法国 CEPI 公司的止芽素等）占领了主要的抑芽剂市场，国产产品主要有浙江的灭芽灵（氟节胺）等。我国目前使用的化学抑芽剂主要可分两大类：一类是局部内吸和接触性二硝基苯胺类抑芽剂，如氟节胺、除芽通和止芽素等；另一类为内吸性 12 类抑芽剂，如芽敌、乐芽等产品。其中，氟节胺是国际公认的优良烟草抑芽剂，是投入收益比率最高的抑芽剂之一，也是最早在我国烟草上使用的抑芽剂品种。1990 年，抑芽敏作为商品名在我国正式登记，制剂有 12.5% 和 25% 两种浓度。在国内，浙江省化工研究院最早进行研究开发氟节胺，并于 1998 年研制成功，1999 年获得了农药临时登记。2009 年浙江省农业科学院作物与核技术利用研究所苏成付在浙江省余姚市以棉花栽培品种"中棉所 50"为材料，研究喷施不同浓度氟节胺代替棉花打顶的效果。结果表明，经氟节胺处理后，棉株长势旺盛，叶色浓绿，株高降低，顶部叶片变小，籽指增加，单铃重增加，籽棉重增加；氟节胺浓度为 0.10 克/升和 0.08 克/升时，皮棉重增加。各处理产量和品质性状较对照无明显变化。其结果还表明，喷施氟节胺代替人工打顶，在达到打顶效果的同时，既避免了对棉花植株的物理伤害，又节省了人工和时间，氟节胺被认为是最有效和最安全的化学抑芽剂之一。

二、国内外化学打顶技术的现状

（一）棉花化学封顶研究现状

化学打顶剂作为抑制棉花顶尖和群尖的一种化学制剂，以其操作便捷、可在一定程度上代替人工打顶、降低用工成本、提高劳动生产率而受到兵团植棉团场的重视，并展现出了很好的应用前景，棉花化学打顶代替人工打顶是植棉全程机械化的必然趋势。国外棉花生产过程中对棉花顶尖处理都采用化学药物控制的方法，技术已十分成熟（LI CJ et al.，2007）。近几年，化学打顶技术在新疆正处于试验研究阶段，并且取得了一定的效果。孟鲁军等（1996）研究了棉花化学整枝技术。李新裕通过1997—1999年对南疆垦区长绒棉（新棉13号）进行化学打顶和人工打顶对比试验，发现化学打顶对顶部成铃的铃重、单铃重具有促进作用，并且化学打顶具有促进棉纤维成熟的作用。李雪等（2009）通过比较辛酸甲酯、癸酸甲酯、6-BA三种调控试剂，最终发现三种试剂在适宜浓度进行处理可以在一定程度上取代人工打顶，显著降低了棉花的株高，并且除了最低浓度处理外，其他处理均显著增加了棉花的总桃数，较高浓度处理提高了单株结铃数、单铃重及衣分，进而提高了棉花的籽棉和皮棉产量，但对伏前桃数却无明显影响。张凤琴（2011）研究了棉花整枝灵（矮壮素·甲哌啶）对棉花顶尖的控制，结果表明，棉花整枝灵对顶尖有一定抑制效果，从而使棉株生长点的生长速度变慢，导致单株有效结铃数减少，致使产量下降。赵强（2011）以中棉所49号为材料，比较氟节胺化学打顶和人工打顶效果，发现化学打顶后棉株高于人工打顶，株型紧凑，见絮期冠层透光性好，上部果枝结铃数和内围结铃数略高于人工打顶，铃重和人工打顶相当，衣分有所降低，但籽棉和皮棉产量没有较大变化且有增产的潜力，综合纤维品质没有受到较大的影响。董春玲等（2013）通过比较氟节胺化学打顶、人工打顶及不打顶 3 个处理，发现喷施氟节胺能够有效控制棉花植株顶尖的生长，具有打顶效果，能够使棉花株型更加紧凑。易正炳等（2013）通过比较化学整枝剂及人工打顶处理效果，发现采用化学整枝剂的效果良好，在喷药 7～10 天后株高停止生长，10～15 天后棉株生长点枯死，并且对纤维等内在品质无影响，能够节本增效。刘兆海等（2014）通过比较氟节胺、土优塔、智控先锋 3 种化学打顶剂及人工打顶处理效果，发现 3 种化学打顶剂均能够抑制棉花顶端优势，接近人工打顶效果，产量影响不大，3 种化学打顶剂在使用中，土优塔操作较为简单，价格低廉，可以进一步探求其配套化控技术。孙国军等（2014）研究了氟节胺在南疆棉花打顶上的应用，喷施氟节胺的处理株高较高，果枝层数也多，其空果枝数、脱落数也较多，棉花单产略有减少，使用方法有待于进一步改进，但有很大的提升空间。徐宇强等（2014）研究了化学打顶对东疆棉花生长发育主要性状的影响，和常规人工打顶相比，化学打顶棉花株高和主茎节间数差异达到极显著水平；下部和中部结铃数差异显著，产量差异不显著。从现有棉花化学打顶研究报道来看，研究主要集中在化学打顶剂筛选及处理组合及方式上，棉花化学打顶剂机理及其对土壤污染及生态环境方面的研究还未见开展，并且对棉花纤维品质、产量等方面的影响研究结果不一致，有待于进一步的探索。

（二）内源激素、酶类与顶端优势相关研究现状

棉花打顶主要是通过摘除顶尖，控制其顶端优势，协调营养生长与生殖生长，使养分更多运向果枝与结实器官而达到增产的目的。其打顶后棉花处于一个激素与营养成分重新分配的过程，进而达到平衡。内源激素和酶类等是与植物顶端优势密切相关的几类物质，在调节顶端优势方面起着重要的作用，且对外源物质具有明显的响应。目前，对于人工打顶后棉株内源激素变化情况

已有所报道，但关于酶类及其他物质的变化趋势报道较少；对于采用外源打顶剂进行化学打顶相关内源激素等物质的变化情况及调控基因的研究尚未见报道；是否存在与人工打顶类似的内源激素等物质变化规律不得而知；烟草等植物上的类似报道给我们提供了研究思路。田效园等（2016）通过盆栽、水培实验，设置不打顶、打顶处理，结果显示：烟株打顶后激素含量发生了明显的变化，与不打顶相比，生长素（IAA）和赤霉素（GA$_3$）含量大幅度降低，脱落酸（ABA）含量增加，玉米素（ZR）先增加后降低，在叶片和根中变化趋势一致。

第二节　新疆棉花化学打顶技术应用与推广

一、新疆棉花化学打顶的必要性

　　新疆是我国最适宜种植棉花的地区和最大的植棉地区之一，在1亿多亩*耕地中棉花种植面积达3 000多万亩，并已成为我国特大优质商品棉基地和国家主要的出口棉基地，逐步形成了以生产、物流、加工等较为齐全的产业发展体系。经过十几年的持续发展，新疆棉花产业已经成为当地国民经济发展的支柱产业之一。从1993年开始，新疆棉花面积、单产、总产、质量、调出量都始终保持全国第一。2012年新疆棉花总产量达308万吨，增长6.4％，首次超过全国棉花总产量的一半。2014年新疆棉花以2 967万亩的播种面积、309万吨的总产，再创历史新高，棉花种植面积、总产量、单产和调出量四项指标连续21年全国第一。"十二五"期间，新疆棉花种植面积将稳定在2 500万亩左右。2014年，国家取消了持续三年的棉花临时收储政策，改为目标价格补贴，并在新疆开展改革试点。按照新疆维吾尔自治区的实施方案，补贴资金分两次发放，第一次按棉花种植面积

---

*　亩为非法定计量单位，1亩＝1/15公顷。

发放中央拨付补贴资金总额的 60％，第二次按棉花产量发放剩余 40％的补贴资金。新疆生产建设兵团按照国家认可的棉花产量一次性发放补贴。目前，新疆有 60 多个县市和 110 多个团场种植棉花，全疆一半以上的农民从事棉花生产，农民每年人均纯收入的 35％来源于棉花。新疆棉花试验田亩产一直在突破，皮棉平均单产为每亩 110 千克左右，高出全国平均水平 30 千克，高出世界平均水平 57 千克，棉花单产在国内外具有明显的竞争力。未来相当长的一个时期，棉花在新疆种植业中的主导地位很难被替代。结合国家棉花目标价格改革试点，新疆棉花种植结构将进一步向高产田集中。根据新疆棉花产业结构调整需要以及其他因素，新疆今后将适当调减棉花种植面积，每年棉花种植面积保持在 2 500 万亩左右，总产在 350 万吨以上。

兵团是全国重要的商品棉生产基地之一，以占全国 12％的植棉面积生产出了全国 1/5 的棉花，棉花单产远远高于全国和世界平均水平，优质棉品级、商品率居全国第一。兵团作为新疆的重要组成部分，是发展经济、稳定新疆、巩固边疆的重要力量，棉花生产的稳定发展对稳定全国棉花的生产意义重大。现阶段兵团大力推进棉花生产加工全程机械化进程。实现农业产业化、新型工业化，发挥集约化、规模化经营优势，是形势发展所需。兵团从 20 世纪 50 年代开始种植棉花。兵团棉区分布在被戈壁沙漠分割的平原绿洲内，气候干燥、降水稀少、光照充足，是我国典型的灌溉棉区。从 1996 年起，兵团开始进行机采棉技术和采棉机械的研究和实验，经过不懈努力，在机采棉的种植、采收和加工等诸多关键环节都获得了重大突破。从 2001 年起，机采棉进入大面积推广阶段，特别是近年来，为应对人工紧缺、拾花费用过高的难题，兵团不断加大机采棉推广力度。2011 年，兵团棉花种植面积达到 801.9 万亩，总产 129 万吨，占全国棉花总产的 1/6，占新疆棉花总产的 1/2。2012 年，兵团种植棉花面积达 830 万亩，机采种植模式达到 85％，实现机械采收 500 万亩，占种植棉花面积的

60.2%。2013 年，兵团棉花播种面积达 882 万亩，其中机采棉面积有望突破 520 万亩，占棉花总播种面积的 58.9%。2014 年，兵团种植棉花 901.39 万亩，完成机采面积 650 万亩以上，比2013 年增加 65 万亩，机采面积占种植棉花总面积的 75% 以上，占国内棉花机采面积的 95% 以上，率先在国内实现大面积棉花种植、采收、清理加工全程机械化。而且根据《兵团农业现代化建设中长期规划（2011—2020 年）》，到 2015 年机采棉面积占棉花总面积 80% 以上，机采棉面积达到 660 万亩以上。由于在棉花种植过程中全面实现了机械化作业，原本需要大量劳动力的定苗、覆土、喷药、松土、除草、浇水、采摘等棉花种植中的农活，已被农业机械化作业所替代。棉花生产中常规的机耕、机播作业水平达 100%，精量播种、精量施肥、节水灌溉、机采棉、机器打棉等农业机械化技术在棉花种植中得到广泛应用。但是，棉花打顶一直是制约兵团棉花全程机械化的关键环节，也是兵团植棉全程机械化中的最后一个环节，解决人工打顶问题，将是新疆棉花植棉史上继地膜覆盖、节水灌溉、机械采棉之后的又一重大技术革命，将对兵团乃至世界棉花产业的发展产生重要影响。随着新疆棉花的规范化经营和劳动力的不断减少，人工打顶已越来越不能满足棉花生产全程机械化和节本高效的要求，势必要被一种更加先进的打顶方式所代替。化学打顶是利用植物生长调节剂强制延缓或抑制棉花顶尖生长，达到类似人工打顶的目的，由于其既比人工打顶省工省时，又能够避免机械打顶存在的过打、漏打的问题，化学打顶成为现阶段主要的技术发展方向。

　　近年来，新疆地方和兵团棉区机械化管理已达到较高水平，但打顶作为棉花栽培管理的一个关键环节，仍无法摆脱手工操作，成为棉花生产全程机械化和规模化的制约因素，直接影响植棉经济效益，有关棉花打顶技术的研究一直备受关注。传统打顶是用人工掐除棉花茎尖生长点，在技术质量、成本、效果方面都存在一些问题：①费工费时，劳动强度大，占用大量劳动力，而且劳务费成本高。②劳动力缺乏，劳动生产率低，影响了棉花产量。③打顶过程导致蕾铃脱落和病虫害的传播扩散。④容易造成叶铃的划伤和脱落，同时还存在漏打、复打的难题。随着人力资源限制以及人工费的不断上涨，依靠人工打顶，已不能满足节本增效植棉的现实要求。

机械打顶，对农艺、土地的平整状况、棉花长势高矮的均匀程度等方面有较高的要求，同时，机械打顶对棉株蕾铃造成一定的机械损伤，通过机械一刀切的打顶方式无法保证预留的果枝台数，成本高，易造成减产，特别是机械打顶不易控制，尤其在生长不均匀的棉田，减产比较严重。此外，棉花生长后期，机车进地容易损伤叶片，造成棉株早衰。21世纪初，新疆关于棉花打顶机的研究在质量、技术成本、效果方面都存在许多问题，棉花打顶机的研制难度大、精度要求高、投入成本大、适应性不强，导致机械打顶技术和机具未得到推广。近几年，随着经济的发展，新疆棉花生产中人工打顶用工紧缺和价格上涨的问题日益凸显，寻求一种能替代棉花人工打顶的生产方式迫在眉睫。棉花打顶时期以及效果是影响产量的重要因素。打顶过早，植株上部果枝长势旺，易形成伞状株型，植株行间密闭，通风透光性差，易烂铃；打顶过晚，顶部无效蕾铃增加，推迟棉花的吐絮及成熟，导致减产。采用化学打顶药剂加农机具使用的方式，将能解决劳动力短缺和人工打顶中出现的问题，有效提高劳动效率，减轻劳动强度，大大降低植棉成本，并可显著提高棉花打顶的时效性。因此，利用生物制剂对棉花进行化学打顶的方法便应运而生。

二、新疆棉花化学打顶技术推广应用

近年来，化学打顶作为一项高效、节约成本的化控技术，引起了新疆地方和兵团植棉团场的高度重视，市场上已有几种打顶剂销售和推广应用，如金棉化学打顶剂、浙江禾田福可棉花打顶剂、土优塔棉花打顶剂等，初步显示了较好的应用价值，深受广大棉农喜爱。2007年以来，北京市农业局恽友兰、中国农业大学田晓莉、新疆农业大学赵强等人研制了金棉化学打顶剂，并在生产上应用，取得初步成功。2012年4月17日，由中国农业大学、北京市农业技术推广站、新疆农业大学及新疆金棉科技有限责任公司联合完成的"棉花化学打顶剂研制及应用技术研究"项目通过新疆维吾尔自治区科技成果鉴定。该项目针对棉花生产中的打顶关键技术，连续6年在南、北疆开展了棉花专用化学打顶剂研制筛选、试验示范以及综合配套技术集成工作。该项目研制的化学打顶剂，可有效抑制棉花顶端生长，自打顶株率可达95%以上，目前，主要在昌吉、五家渠地区接近10万亩的棉田推广应用。2010年，中化集团浙江禾田化工有限公司与新疆生产建设兵团第八师134团合作，在该团进行氟节胺替代棉花人工打顶的试验，在2010—2011年小区试验和大田示范的基础上，2012年在兵团第八师推广应用，面积达8.1万亩左右，其中，134团推广应用面积6.3万亩、149团推广应用面积1.5万亩。2013年在兵团第八师推广应用面积达4.95万亩左右，其中，134团推广应用面积3万亩、149团推广应用面积1.95万亩。2013—2014年在兵团第一、二、四、五、六、七、八、十三师超过20个团场开展试验与示范，截至2014年，共在兵团推广应用125万亩。2011—2014年土优塔棉花打顶剂在新疆阿克苏、库尔勒、喀什、伊犁、博乐、昌吉、和田地区和兵团第一、二、四、五、六、七、八、十师超过20个团场开展试验与示范。实践证明，使用该产品打顶，完全可以代替人工打顶，省时省力，对棉花的品质和产量影响不大，对有些棉田还具有一定的增产效果，得到老百姓的认可，已累计推广应用超过150万亩。

三、新疆化学打顶技术面临的问题及对策

（一）打顶剂未标明通用名

棉花化学打顶剂的产品标签上使用的大多是商品名，未标明

通用名。而按农业部颁布的《农药标签和说明书管理办法》规定要求，从 2008 年 7 月 1 日起生产的农药一律不得使用商品名称，只能用通用名。

（二）未按农药进行登记

按照有关规定，棉花化学打顶剂产品需按农药登记证登记，登记程序和要求繁琐严格，迄今为止，未有一家产品正式登记。受市场需求和利益驱使，市场上出现大量的棉花打顶剂品牌，导致一些假冒产品出现，如 2014 年新疆昌吉回族自治州查获冒用质量标志的棉花打顶剂。还存在部分生产厂家将未经农药登记或以肥料名义登记的棉花化学打顶剂产品直接投入市场销售，这些产品不仅存在一定的质量隐患，而且产品使用说明书中标注的使用方法粗放，夸大使用后的效果，误导棉农。这种情况在给农业生产带来危害的同时，也会给刚刚发展起来的棉花化学打顶剂市场带来很大的负面影响。

（三）尚无规范的技术规程

新疆市场上销售的各种棉花化学打顶剂的配方和使用方法各有不同，市场上尚无一个规范的使用技术规程。由于此问题尚未引起相关政府部门的足够重视，因此，其在生产、销售环节，政府监督和市场管理的漏洞颇多。一方面，市场有需求，而棉花化学打顶剂产品五花八门；另一方面，没有相应的质量检测和效果评测机制，致使市场上销售的棉花化学打顶剂的产品使用说明和技术规范不到位。

（四）缺乏因地制宜的专属产品

化学打顶技术对地域、气候、品种、喷施剂量、喷施时间、铃期水肥管理、机采棉脱叶都有所要求。由于棉花化学打顶剂生产厂家是统一生产一种产品，而未对不同区域、不同棉花品种进行前期的调研和试验，很难根据各地具体情况生产出因地制宜的专属产品，进而影响产品的使用效果和大面积推广应用的力度。

（五）缺乏适合化学打顶药剂喷施器械和规范操作

由于缺乏适合的化学打顶药剂喷施器械和经过专业培训的操作人员，使得化学打顶过程中针对施药器械的规范要求使用难以落实：①喷药机具单一老化，专业化程度低，施药部件落后。大田生产上所用的圆锥喷头不适合化学打顶药剂的喷施要求，无法控制药量和喷药均匀程度。②在棉花实际生产中，人们大多利用同一种机具进行多种不同的施药作业，机具中多少存在一些农药残留，导致化学打顶剂药效降低。③缺乏完整和系统的机械施药技术规范，操作施药机械人员大多未进行专业培训，不能按照施药标准规范操作，多以喷施面积赚取经济利益为目的，使施药效果大打折扣。

（六）棉花品种多、乱、杂，更新过快，加大了化学打顶技术大面积推广的难度

新疆棉区是多品种和多生态类型的棉区，新疆本地审定的品种就分为新陆早系列、新陆中系列、新海系列、新彩系列，至今已审定了218个品种，加之疆外种业公司大举进军新疆棉花种业市场和新疆地方棉农自主选择品种，导致品种来源渠道不断增多，新疆棉花品种"多、乱、杂"的现象日趋严重。部分县（市）的种植品种超过30个。一个团场，甚至一个连队也有3～4个品种。棉花品种的多、乱、杂，妨碍了品种效益的发挥，直接影响棉花良种的区域性布局，也加大了化学打顶技术大面积推广的难度。

（七）化学打顶剂的作用机理及其对土壤、生态环境的影响尚不明确

现阶段，对棉花化学打顶剂使用效果的大田试验研究较多，应用技术也有了相应的提高，但对棉花化学打顶剂作用机理及其对土壤污染、生态环境影响方面的研究还未见开展，有待于进行进一步深入探讨。

（八）化学打顶剂的销售与技术服务脱节

大多数棉花化学打顶剂生产企业只进行剂型的加工生产和销售。企业将大量经费花费在产品的广告宣传和市场推销上，而在产品售后专业服务团队和后期的技术服务工作上投入经费很少，甚至没有，靠棉农自己去摸索。重销售、轻服务，重销量、轻规范，呈现出明显的粗放经营的特点。

四、新疆化学打顶技术问题的对策

基本思路：紧密结合新疆棉花产业发展实际情况，从新疆棉花生产用药需求出发，统筹规划，突出重点，分步实施；以政策调整为先导，优化登记流程，简化资料规定，激发企业产品登记的主动性；以科学试验和示范推广为支撑，建立行业标准体系；以机制创建为抓手，坚持政府扶持、企业为主、行业参与，形成项目带动、部省联动、协同推进。

（一）加大对棉花化学打顶剂标签和登记证的监管力度，优化市场秩序与环境

国家和新疆各级农业主管部门应严格履行市场监督管理职能，加大对市场上销售的化学打顶剂的标签和登记证的监督检查力度，坚决取缔产品未取得登记证、标签内容不全、夸大作用等违法产品在市场上流通，确保棉农购买的产品质量合格。标签和说明书上要有生产许可证、产品登记证、产品规格、标准号、产品通用名、有效成分含量、用药剂量、使用方法、有效期等信息。标签、说明书必须和农药登记证的内容一致。

（二）出台优惠政策，不断完善管理制度

从经济和社会效益双重角度考虑，政府应制定出化学打顶技术中、长期指导性规划和相关政策，鼓励、支持科研单位和企业自主研发化学打顶剂新产品和新剂型，降低生产成本，提高安全性和易用性，同时给予政策倾斜，加大对科研单位研发经费投

入，减免企业税费。对现有高效、低毒、低残留、环境友好型的棉花化学打顶剂，支持、鼓励其注册登记，保护其技术知识产权，持续激发企业登记注册的积极性。通过健全和细化登记标准、区别情况、适当简化登记资料要求，以及加强化学打顶剂机理与毒性研究等措施，为棉花生产提供合格的化学打顶剂产品，促进产业发展，增强其对我国现代农业发展的支撑能力。

（三）加强宏观调控与管理，培育龙头企业

棉花化学打顶剂须经过科学研究、生产、试验示范和推广应用，各环节反复循环和提高，最终才能形成产业。加强企业与科研单位的联合，提升我国棉花化学打顶剂产业的整体水平和市场竞争力。国家要加强宏观调控，分层次对基础研究、应用研究和产业开发研究予以经费支持，并通过整合优势资源，创新集成，形成若干个既有研发能力、又能规模化生产的大型棉花化学打顶剂龙头企业，逐步形成多类型结构的棉花化学打顶剂产业发展格局。

（四）强化和规范使用技术

新疆棉区地域差距大，生态多样，还需要继续使化学打顶技术在不同地区都能产生良好效果，因此，新疆各级农业技术推广部门要在新疆不同的区域、气候、品种、栽培方式条件下开展小区试验、小面积示范，方能大面积推广。同时，要教育和引导棉农科学合理使用化学打顶剂，强化使用过程的监督检查，例如，按照登记批准标签上的使用剂量、时期、使用方法和注意事项进行操作，确保科学、安全、合理使用，形成一套适合当地实际情况、科学合理的标准体系，统一使用棉花化学打顶剂的技术规范，使棉花化学打顶剂在棉花生长阶段中的使用更加规范，在保证达到抑制棉株生长的前提下，以最小的用量达到最佳的效果，做到既经济用药，又减少残留量，降低对环境的污染。

（五）加强施药技术研究，制定和完善施药技术规范

药剂、施药机械和施药技术方法是合理使用棉花化学打顶剂

的 3 个重要方面。机械施药技术体系的规范，对提高药剂利用率、抑制棉株顶芽生长的效果及减少土壤环境污染具有重要作用。应以新疆现有从事植保机械和施药技术的科研机构、高等院校为依托，整合优势资源，组建专门机构从事植保机械、施药技术的研究和开发，研制出具有稳定、可调的压力系统，均匀、准确的喷雾系统，强劲、有力的搅拌系统，精细、快速的过滤系统，清晰、准确的液位显示系统，良好的机架状态的专属棉花化学打顶机具，并制定相关施药技术规范，为合理施药提供依据。

（六）依法治种，规范棉花品种销售和推广

新疆各级政府和种子管理部门应加强对棉种市场的管理力度，搭建平台，收集优良棉花品种，根据各地的实际情况，制订方案。由种子管理部门统一引种、筛选，安排小区试验，进行多区域、多类型的品种展示、示范工作。搞好棉花品种区域布局，确定并统一区域内主栽品种，建立起良种繁育技术体系，彻底解决新疆目前存在的品种混乱、退化等问题，为化学打顶技术快速、大面积推广铺平道路。

（七）组织开展相关药物机理研究和应用技术研究

1. 开展非激素类抑芽剂田间化学打顶试验

在引进国内外现有的化学打顶技术的基础上，采用氯甲丹、抑芽丹、氟节胺、二甲戊灵、仲丁灵、氯苯胺灵等非激素类抑芽剂进行田间化学打顶试验，通过研究各药剂对棉花农艺性状、经济性状、生理机制的影响，筛选出适合新疆棉花品种使用的化学打顶剂，优化配方，改变氟节胺药剂独霸市场的局面。

2. 探讨现已大面积推广棉花打顶剂的最佳施药时间和方法

例如，探讨浙江禾田福可棉花打顶剂、河南东立信土优塔棉花打顶剂、金棉棉花化学打顶剂在新疆不同区域、气候、品种、栽培方式的条件下对棉花农艺性状和经济性状的影响，掌握其精确的喷药时间和剂量，确定最佳施药方法。

3. 开展棉花化学打顶剂作用机理的基础性研究

摸清内源激素、酶类物质变化趋势，筛选主要响应指标，初步分析化学调控生理生化机制。

4. 开展棉花化学打顶剂不同环境条件使用方法研究

在室内开展不同温度、湿度、光照条件下喷施棉花化学打顶剂的研究，确定既能控制棉株顶端生长又能达到稳产保质效果环境条件的区间范围，规避极端环境条件对农业生产造成损失的风险。

5. 开展化学打顶剂的毒理学和环境行为学研究

开展化学打顶剂对人畜的伤害、在土壤中的残留情况等生态安全性的研究。

6. 开展化学打顶剂的示范推广

科研单位应借鉴现有的经验，针对不同药剂、不同区域、不同品种，开展化学打顶技术集成模式研究，制定棉花化学打顶剂综合配套技术规程，并进行大面积示范推广。

（八）加强使用技术指导和宣传培训，提高农民科学用药水平

各地农业部门要组织相关专家和技术人员，对棉花化学打顶剂使用的示范基地和重点区域棉农进行药剂选择、购买和科学使用等知识的宣传、指导和培训工作，通过专家讲座、示范现场会、专题培训班、印发使用手册以及田间巡回指导等形式，不断提高技术到位率。要充分利用广播、电视、网络、手机短信等新闻媒介，普及棉花化学打顶剂的相关使用知识，引导棉农合理使用棉花化学打顶剂。

（九）以社会化服务体系的建立和完善来推动和加速产业发展

随着棉花化学打顶剂产业向规模化、集约化方向发展，需要建立一支专业型棉花化学打顶剂科技服务团队，对化学打顶技术在农业生产中出现的新情况、新问题，及时采取措施，努力减少农业损失。要创建以专家服务团队和基层技术人员相结合的新型服务体系，整合各类社会资源，形成一条自上而下的社会化服务体系，保障棉花化学打顶技术更加规范化、标准化地实施和推广，培养一批在基层一线工作的技术人员队伍，能够在棉花化控的各个时期和喷施化学打顶剂的关键时期，为棉农提供技术指导、药剂的购买、督促检查、信息服务、后续管理等一系列服务。充分发挥化学打顶技术的最佳使用效果，达到节本增效的目的，为棉花化学打顶技术大面积推广、加速其产业发展奠定坚实的基础。

现有的棉花化学打顶技术已得到政府和市场认可，推广应用前景广阔。随着时代的发展，棉花打顶不能仅仅局限在采用化学打顶的方式，科研院所的专家还应探索新的棉花打顶手段，例如，将其纳入基因工程，通过基因诱导产生相应的蛋白质和激素来调控棉株的顶端生长，定向选育自封顶的棉花种质资源，这些方式都有可能在棉花打顶领域开拓一片新的天地。

第二章 棉花形态特征与生物学特性

第一节　棉花形态学特征

一、根

棉花是深根作物，由入土很深的主根、分布较广的侧根和众多的根毛组成发达的根系团。棉花根系的吸收及合成机能的活动区域仅限各级侧根和主根的根尖部分，其长度一般不超过10厘米，而根的生长区域则集中在近根端约1厘米的范围内，根尖以外的成长根只起到输导和固定作用。

（一）根的形态

种子萌发时，胚根最先伸出，向下生长，成为主根。棉花生长前期在主根生长点后约10厘米处，分生出一级侧根，起先近乎水平生长，以后斜向下层生长。在一级侧根生长点约5厘米处分生出二级侧根。在适宜的条件下，可继续分生三级、四级甚至五级侧根。由主根、各级侧根及其根尖附近的大量根毛构成棉花的根系。

棉花根系为直根系。因其初生根多为四原型，故一级侧根大多呈四行排列，向四周伸出，俯视近十字形。但也有少数是呈五行排列的。

一年生棉花主根入土深度可达2米左右。一般上部侧根伸展较远，横向扩展可达60～100厘米，下部侧根伸展较近。大部分侧根分布于地表 10～30 厘米土层内，幼棉棉根为肉质状，呈白色，近尖端长有根毛。随着棉根的生长，周皮逐步形成，内部开始木质化，皮色逐渐由黄变黄褐，同时失去吸收能力。

（二）根的结构

1. 根尖的分区

从根毛出生处到根端称为根尖，从根端向上可依次分为根冠、分生区（生长锥）、伸长区和根毛区（成熟区）四部分。由于根尖处于活跃生长中，各区之间的变化是渐进的，因而无明显的分界线。

2. 根的初生结构

在幼根生长过程中，生长中的部分细胞开始分化为初生分生组织，包括原表层、基本分生组织及原形成层，至成熟区相继发育成表皮、皮层及中柱（也称维管柱），此即根的初生结构。

3. 根的次生结构

在初生结构中，有某些细胞仍保持分生能力，由这部分细胞所形成的新组织即为次生结构。棉根中的次生结构，包括由维管形成层产生的次生木质部、次生韧皮部，以及由栓形成层形成的周皮。

4. 次生根的发生

由主根发生的各级侧根和偶有下胚轴基部所分生的不定根，均属次生根。次生根发生于根尖的成熟区，在维管柱周围正对原生木质部处的中柱鞘细胞，先横切向分裂成几层细胞，继而向四周分裂，形成半球形的侧根原基。次生根原基经细胞增殖、分化、伸长，最后穿过母根的皮层而出，形成下一级新侧根。在新侧根伸长的同时，其木质部及韧皮部与母根相应部位相连接。

二、茎和枝

棉籽萌发出苗后，随着根系的发育，胚芽的生长锥经过增殖、分化和生长逐步形成主茎，并在其节上产生侧生器官——叶和腋芽，再由腋芽形成果枝或叶枝。

（一）主茎顶芽与腋芽的分化

1. 主茎顶芽的分化

在棉花幼苗的两片子叶当中生有一个顶芽，这一顶芽是由胚芽演化而成的。主茎顶芽的周围有许多突起，是叶原基和腋芽原基，随着茎尖的生长，下部叶原基逐次发育成幼叶，层层包围于茎尖之外。在茎尖的中央有一扁球形突起，此即主茎顶芽的生长锥，棉株地上部的许多侧生器官都由此发源。

2. 腋芽的分化

棉株每片叶子的叶腋虽然只生一个腋芽，但在每个节位上都可以同时存在两个甚至三个以上的腋芽。

棉花的腋芽，按其生理活动状态可分为潜伏芽和活动芽。潜伏芽在一定条件下，通过生理激发，也可转变为活动芽。棉花的活动芽，按其发育方向又可分为叶芽和混合芽，叶芽只分化叶原基，可形成叶枝或长成赘芽，混合芽经分化可发育成果枝和亚果枝。叶芽分化发育的规律，是在分化出一片先出叶和真叶原基之后，犹如主茎顶芽那样，继续不断分化真叶原基，随叶的逐渐成长，各真叶着生的节间也依次伸长，就形成了叶枝。混合芽分化发育的规律，是在分化出一片先出叶和真叶原基后，其顶端分生组织即发育为花芽原基，这样便形成了第一果枝；然后由这片果枝叶的叶腋里分化出的次级腋芽继续照此发育新的果节，果枝就是由一个个新果枝叶的腋芽相继发育的一节节新果枝连接而成。

（二）主茎与分枝的形态

1. 主茎的形态

棉株的主茎由顶芽分化经单轴生长而成。顶芽分生组织不断分生叶与腋芽，形成着生叶的节，以及节与节之间的节间。节间依次伸长，使主茎增高。正在伸长中的嫩茎横断面略呈五边形，随着主茎各节依次加粗，老茎逐渐变为圆柱形。嫩茎表面呈绿色，经长期阳光照射，皮层中因逐渐形成花青素而使茎色变成紫红。因此，生长中的棉株茎色多表现为下红上绿，也有一些品种的棉茎终生保持绿色。棉茎老熟后表面呈棕绿色，皮层中分布有多酚色素腺，俗称油腺，外观呈棕褐色油点状。陆地棉茎枝表皮上大多着生茸毛，其中有单细胞的表皮毛和多细胞的腺毛，幼嫩时茸毛较老熟时逐渐脱落变稀。海岛棉一般茎枝光滑，几乎无茸毛。

棉花的株高、茎粗、茎色等性状，除因种和品种不同而异外，同一品种的性状受生态环境和栽培条件的影响也很大。株高增长的速度、茎的粗细、茎色的红绿比例，都是看苗诊断的重要指标。

2. 分枝的形态

棉花的分枝是由主茎上的腋芽分化发育而成的，分为叶枝和果枝。叶枝又称营养枝，其形态与主茎相似。

（1）果枝

①果枝上直接着生花蕾，在同一个果节上花蕾与叶片相对着生；②同一果枝上相邻两果节之间呈左右弯曲形状，称为多轴枝；③果枝与主茎的夹角较大；④果枝一般着生于主茎的中上部各节。

（2）叶枝

①叶枝上的每节不直接着生花蕾，一个节上只有一片叶子，叶腋可以长出果枝；②枝条不左右弯转，称为单轴枝；③叶枝与主茎的夹角较小；④叶枝一般着生于主茎下部的几个节上，田间肥水条件好、棉花长势旺盛时叶枝较多。

（三）果枝类型和株型

1. 果枝类型

根据果枝节数的遗传特性，通常把棉花的果枝类型分为零式果枝型、Ⅰ式果枝型和Ⅱ式果枝型三种。零式果枝型无果节，铃柄直接着生在主茎叶腋间。Ⅰ式果枝型只有一个果节，节间很短，棉铃常丛生于果节顶端。Ⅱ式果枝型具有多个果节，在条件适合时，可不断延伸增节，又称为无限果枝型。

2. 株型

混合型棉株不同部位可兼有有限及无限两种类型的果枝。根据果枝节间的长短，无限果枝型棉花的株型又可进一步划分为紧凑型、较紧凑型、较松散型和松散型四种。

（1）紧凑型

果枝节间长度只有 3～4 厘米，由于果节很短，棉铃排列很密，株型显得很紧凑。

（2）较紧凑型

果枝节间长度在 5～10 厘米。

（3）较松散型

果枝节间长度在 10～15 厘米。

（4）松散型

果枝节间长度超过 15 厘米。此型棉铃排列稀疏，株型显得很松散。

一般而言，种植株型偏松散的棉花品种，密度应小些，肥水宜充足，而种植零式果枝型、Ⅰ式果枝型及Ⅱ式果枝型的紧凑型品种，密度可大些，肥水不宜过多，较适于生长期短的棉区和降雨稀少的灌溉棉区栽培。

三、叶

（一）叶的形态

棉花的叶片分为子叶、真叶和先出叶。真叶按其着生部位不同可分为主茎叶和果枝叶。陆地棉的子叶为肾形、绿色，基点呈红色，宽约 50 毫米。一般 2 片子叶对生，一大一小，小子叶的面积为大子叶面积的 80% 左右。子叶枯落后，留下一对痕迹，亦称子叶节。先出叶为每个枝条和枝轴抽出前先长出的第一片不完全叶，大多无叶柄，没有托叶，以披针形、长椭圆形或不对称卵圆形居多。最大宽 5~10 毫米，生长一个月左右即自然脱落，因其着生节间并不伸长，所处部位和形态均与托叶相近，故易与脱叶相混淆。

通常见到的主茎和果枝节上着生的真叶都是完全叶，具有托叶、叶柄和叶身。叶柄和叶片交接处有稍膨大的部分，称为叶枕，能调节叶片的旋转。主茎上的叶片，按照 3/8 螺旋式的叶序绕茎互生。叶片裂缺的多少，随个体发育的进程而发生有规律的变化，一般第一片真叶全缘，叶片也较小，以后裂缺增多至 3~5 个，最上部裂缺又减少。

（二）叶的结构

棉花真叶具有典型的双子叶植物的叶结构，分为表皮层、叶肉组织和维管束（叶脉）三个基本部分，在叶柄和较粗的叶脉中具有维管形成层，可进行有限的次生生长。

1. 表皮层

顶端表皮细胞的形状很不规则，彼此嵌合，其间散布许多气孔，表皮上还着生有头状的多细胞腺毛和星芒状的单细胞。其外皆被角质膜，由表皮细胞渗析出的角质、蜡质、纤维素及果胶质等构成，可减少水分蒸发，防止紫外线对叶肉细胞的伤害，并减轻风沙对叶面的磨损。下表皮单位面积上的气孔数较上表皮多。气孔开放时形似张开的嘴唇。气孔保卫细胞含有叶绿体，而表皮细胞则不含叶绿体。

2. 叶肉组织

上表皮之内为栅栏组织，下表皮之内为海绵组织。叶肉部分是叶片进行光合作用的主要场所，细胞内均含有大量叶绿体，其中以海绵组织细胞的同化能力最强，栅栏组织细胞还有滤光作用。使用矮壮素能促使叶片形成不完全的次生栅栏层，从而增加叶片的厚度，并使叶色加深。

3. 维管束系统

叶片维管束系统由中脉、侧脉和细脉组成，各级叶脉贯穿于叶肉组织之间，纵横交织。棉花真叶的叶柄为扁圆柱形，其结构与幼茎相似，也可分为表皮、皮层和中柱三部分。叶柄与叶片连接处为中脉与几条侧脉的汇聚点，称为叶基点（或叶枕），因该处薄壁细胞的膨压可因光照强弱不同而发生相应的变化，所以叶片能做向日性的转动，当傍晚光照减弱时，该处下半部薄壁细胞膨压降低，使叶片下垂。

四、蕾和花

棉苗生长到一定的苗龄，其内部达到一定的生理成熟程度，如果温度、光照等条件适宜，便开始分化花芽，这时棉花由苗期进入孕蕾期。随着花芽逐渐发育长大，当内部分化心皮时，肉眼已能看清幼蕾，这时苞叶基部约有 3 毫米宽，即达到现蕾标准。蕾是花的雏形，随着蕾的长大，花器各部分渐次发育成熟，随即开花，此时棉花便由蕾期进入花铃期。

（一）花芽分化与蕾的发育

棉花的花蕾由混合芽中的花芽发育而成，这些花芽是每一果节顶芽演化的结果。

当棉苗第 5～6 片真叶展平时，在主茎顶端果枝始节的位置开始分化形成第一个一级混合芽，这是棉株生殖生长的开端。从此，棉株由下而上、由内向外陆续分化混合芽，纵向发育为层层果枝，横向发育成一个个果节，其花芽即花原基经 15～20 天的分化发育即长成肉眼能识别的幼蕾。

1. 花芽的分化进程

花芽分化各花器原基由外向内依次连续发生，大体可划分为花原基伸长、苞片原基分化、花萼原基分化、花瓣原基分化、雄蕊分化和心皮分化 6 个时期。由花原基伸长至心皮分化，外观达到现蕾标准，共需 15～20 天。

2. 花蕾的发育

现蕾以后，随着花蕾各部分的长大，雌蕊和雄蕊也逐步发育成熟。棉花的雌蕊属于合生雌蕊，随着心皮逐渐长大，各心皮的两缘转为向心生长，两枚相邻心皮的向心部分相互合拢，组成子房各室的隔片。各心皮中央为一主脉，各主脉中央嵌生一薄壁细胞，使该处形成一条纵沟，将来棉铃成熟时即从此沟处开裂。

（二）花的构造

棉花的花为单花，无限花序，花梗长短依品种而异，4 个栽培种中，以亚洲棉的花梗最长。除花梗外，每朵花还包括苞叶、花萼、花冠、雄蕊和雌蕊，除花粉粒外，花朵各部位都分布有多酚色素腺，现将花朵各部分由下而上、由外向里分别描述如下。

1. 花梗和花托

花梗又称花柄，花托是花梗端部的膨大部，花梗和花托不但对花器起支持作用，而且是各种营养物质由果节运向花器的主要通道。

2. 苞片

苞片又称苞叶，着生在花的最外层，通常为 3 片，形状近似三角形，3 个苞叶分离或基部联合，上缘锯齿状，中间的苞齿最长最宽，两边的渐短渐窄；苞叶基部略呈心形凹入，通常每一苞片基部外侧有一下凹的椭圆形蜜腺，称苞外蜜腺，开花时分泌蜜汁，可引诱蜜蜂等昆虫在采蜜的同时帮助传粉。苞片为叶性器官，多为绿色，也有少数品种呈紫色，可一直生存到棉铃成熟。

3. 花萼

5 片萼片联合成 5 个突起的杯状，围绕在花冠基部，呈黄绿色，到棉铃成熟时枯萎。在花萼外侧基部两苞片相交处，各有一下凹较浅的萼外蜜腺；在花萼内侧有一圈萼内蜜腺，腺体不太明显，都能分泌蜜汁。一般开花前后 2～3 天分泌蜜汁最多。

4. 花冠

5 片花瓣合为花冠，花瓣近似倒三角形，互相重叠似覆瓦状，花瓣外缘左旋或右旋。陆地棉的花瓣多为乳白色，海岛棉的花瓣则为鲜黄色。

5. 雄蕊

雄蕊的数目很多，花丝基部彼此联合成管状，包在花柱及子房外，称为雄蕊管。雄蕊管基部与花瓣相连，故去雄时，从花瓣基部撕开即可将花冠连同雄蕊一起剥净。每朵花通常有 60～90 个雄蕊，也有 100 个以上的。每个花药有花粉，少则数十粒，多则一二百粒。花粉粒为球状，表面稍带黏性，并有许多刺状突起，易被昆虫传带并黏附在柱头上。

6. 雌蕊

雌蕊由 3～5 个心皮组成，包括子房、花柱、柱头三部分。子房有 3～5 室，花柱从雄蕊管中伸出，伸出程度依品种而异，柱头表面有浅纵沟，将柱头分成几个纵棱，其棱数与心皮数相同。

五、棉铃

棉铃是由受精后的子房发育而成的，俗称棉桃，在植物学上属于蒴果。开花结铃后，原来的花梗即变成铃柄，棉铃经 50～70 天，便发育成熟，这时铃壳裂开，铃内露出膨松籽棉，即吐絮。从开花到吐絮所需时间即为该棉铃的铃期。

棉铃通常根据铃尖、铃肩和铃基部的形状，分为圆球形、卵圆形和椭圆形等多种铃形。铃形主要因种与品种不同而异，一般陆地棉的铃形较圆，而海岛棉的铃形则较瘦长。同一品种的棉铃，室数较多的铃形较圆。

棉铃外形的大小和铃色也与种、品种有关，陆地棉及海岛棉的铃形较大，亚洲棉及草棉的铃形较小；同一品种的棉铃，室数多的较大，室数少的较小。陆地棉棉铃多为绿色，铃面光滑，多酚点；海岛棉则铃色深绿，铃为多凹点，多酚点在凹点下呈深黑色。铃色除绿色外，少数品种的铃呈红色。

六、棉籽

棉花的种子是由受精后的胚珠发育而成，棉籽为无胚乳种子，在构造上分为种皮（籽壳）和种胚（棉仁）两部分。

（一）棉籽的形态

采收的棉花轧去纤维以后，棉籽外大多密被一层短绒，称为毛籽；有的棉绒外无短绒，称为光籽；也有棉籽仅在棉籽的柄端和合点的一端或两端长有短绒，称为端毛籽。短绒颜色和着生情况依种和品种而异。陆地棉和亚洲棉的棉籽多为毛籽；短绒以白色及灰白色居多，也有浅黄、灰绿、棕黄色的，陆地棉少数品种为光籽，亚洲棉少数品种为端毛籽；海岛棉的棉籽则多光籽或端毛籽，端毛籽在两端和种脊上长有绿色短绒。

棉籽呈不规则的梨形。尖端有一棘状突起，称为子柄。子柄旁有一小孔，称为发芽孔，系珠孔遗迹。钝端为合点端。种皮内的维管束系统外显为脉纹。一般亚洲棉脉纹突出而明显，陆地棉和海岛棉的脉纹不明显。

成熟棉籽的种皮为黑色或棕褐色，壳硬；未成熟棉籽种皮呈红棕色、黄色，壳软。成熟饱满的棉籽的相对密度略大于1。

（二）棉籽的结构

棉籽由种皮和种胚两部分构成，另有胚乳遗迹，呈乳白色薄膜状，紧裹于种胚之外。

1. 种皮

种皮分为外种皮与内种皮。外种皮由表皮层、外色素层及无色细胞层组成，表皮只有一层细胞，胞壁较厚，其中一部分细胞分化形成纤维及短绒。外色素层在皮细胞之内，由2～3层薄壁细胞组成，内含褐色素。再内为一层细胞壁较厚的无色细胞层。内种皮由栅状细胞层和内色素层组成。合点端和发芽孔周围的种皮在种子萌发时，合点冒缝张开，成为吸水和通气的主要通道，胚根则由发芽孔穿出。

2. 种胚

种胚外部为一层乳白色薄膜所包裹。种胚的大部分空间为紧裹于薄膜内的两片子叶所占据，大小两片子叶紧贴在一起，呈迂回折叠状，着生于下胚轴上。下胚轴下连胚根，顶部着生胚芽。

七、棉纤维

棉纤维是由受精胚珠的表皮细胞经伸长、加厚而成的种子纤维，是最主要的纺织工业原料。

（一）棉纤维的形态

成熟棉纤维呈扁管状，前端尖实，中部及基部有细胞腔，外围有增厚的细胞壁。纤维有转曲，是棉纤维所特有的。棉纤维的长度根据品种不同而有很大差异，陆地棉多为21～33毫米，海岛棉多为33～45毫米。

（二）棉纤维的结构

棉纤维的横断面可分为初生壁、次生壁和中腔三个部分。初生壁为纤维细胞的原始细胞壁，由果胶质、纤维素组成；次生壁为棉纤维的主体部分，几乎全由纤维素组成；纤维最里层为中腔，是细胞壁停止增厚时留下的腔室及其残留物。

第二节 棉花生物学特征

一、棉花习性

（一）喜温性

棉花原产于热带、亚热带，长期适应温暖的气候条件，因而喜温怕冷，是典型的喜温作物。它生长发育最适宜的温度范围是25～30℃，一般在15℃以上才能正常生长，在20℃以上才现蕾，开花结铃的适宜温度范围是25～30℃，纤维素的形成一般在12℃以上，气温在35℃以上对光合作用和生长发育都不利。根据国外资料介绍，日平均气温超过28℃时，棉株生长发育减慢，日最高气温达37℃时，白天同化作用受抑制，晚上棉株就停止生长。新疆吐鲁番等地区出现35℃甚至40℃以上的高温，棉花授粉受精不良，蕾和铃脱落加重。棉花怕霜冻，一般幼苗在-1℃即被冻伤，-3～2℃即受冻死亡。柔嫩的棉苗在下雨和骤然降温条件下易受冻害，而在干旱和逐渐降温情况下，因经过一定的"抗寒锻炼"，可抵抗较低温度。棉籽萌动和发芽期间，如果土壤温度低于10℃，连续3天以上，容易遭受冻害，这是造成棉花烂种的主要原因之一。

棉花苗期在20～30℃范围内，温度越高，植株生长发育越快。棉花蕾期适宜温度为25℃左右，在30℃之内，温度越高则现蕾越多。一个地区能否种植棉花，主要取决于其热量资源。一般要获得单产150千克/亩以上的皮棉，无霜期须在150天以上，全年不小于10℃的活动积温在3 000℃以上，且开花结铃期间平均气温在24℃以上。有的地区尽管无霜期长，但夏季气温不高，也不宜种植棉花。

（二）好光性

棉花是喜光作物，叶片进行光合作用所需的光照强度一般高于其他作物。根据试验，棉花的光补偿点为1 000～2 000勒克斯，光饱和点为70 000～80 000勒克斯。在强光下，当其他作物不能进行光合作用时，棉花仍能正常进行光合作用。棉花不耐荫，怕荫蔽，在树荫下生长或者种植密度过大、通风透光差时，蕾脱落多，产量降低。从光周期效应看，棉花是短日照作物，如做短日照处理，可提早现蕾开花，但这种特性在晚熟品种中表现明显，早熟品种则相对迟钝。新疆棉区太阳总辐射、光合有效辐射、日照时数高于全国其他棉区，所以新疆棉区棉花株型紧凑，生产效率高，纤维品质优良，色泽洁白。

（三）无限生长性

棉花原为多年生植物，经过向北移植及长期培育，成为一年生植物，但其多年生习性仍然保留至今。在适宜的温度、光照、水肥条件下，其主茎生长点不断分化，继而生枝、长叶、现蕾、开花、结铃，因而植株有很大的丰产潜力，且抗灾能力强。但北方一些棉区，棉花生长期较短，热量资源有限，须适当地控制这种特性，合理地掌握其应有的果枝数和铃数，既不可控制过分而导致成熟过早，又要防止其贪青晚熟。

（四）再生性

棉花自我补偿能力较强，具有一定的抗灾能力，这与它的再生能力是分不开的。花的腋芽、茎、根等器官均具有一定的再生能力。主茎顶芽被虫危害，则侧枝生长优势加强；主根折断，则侧根生长发育增强。棉株越小，这种再生能力越强。苗期、营养期根的再生能力强，花铃期减弱。利用这一特性，加强受灾后棉田管理，仍可获得一定产量。

（五）可塑性

棉花虽然具有无限生长习性，然而，即使是同一品种，在不同的条件下，其株型变化很大，或高大松散，或矮小紧凑。在生产上可以利用这种株型可塑性大的特性，根据气候条件，通过水肥、密度、整枝和施用生长调节剂来控制株型，合理地调整群体结构。新疆棉区采用"早、密、矮、膜"栽培技术体系，成功向高产、优产方向发展。

（六）区域性

棉花在漫长的系统发育过程中，适应了一定的生活环境，形成了一些基本的特征，使其对环境条件产生一定的要求，同时对各种环境因素具有比较广泛的适应性。不同品种类型是对各种环境条件适应的结果。

（七）营养生长和生殖生长并进时间长

棉株花芽分化即开始生殖生长，一般现蕾即进入营养生长和生殖生长并进的时期，直到吐絮，长达 70～90 天，占全生育期的 2/3 以上。在此期间，棉株既有根、茎、叶等营养器官的生长，又有现蕾、开花、结铃等生殖生长，两者既相互促进，又相互制约。在这个时期，棉株体内养分分配紧张，若栽培管理不当，偏于营养生长，则植株生长过旺，造成"高、大、空"；偏于生殖生长，则植株生长过弱，表现早衰，产量不高。因此，在栽培技术上，应注意协调两者的关系，处理好棉株生长发育与外界环境条件的关系、营养生长和生殖生长的关系，实现棉花早熟、优质、高产。

二、生育期划分及各期特点

（一）程序

棉花栽培的基本程序：犁地→灌水→平地、耙（整）地→播种→田间管理（补种、间定苗、化学调控、中耕、人工除草、灌溉、施肥、打顶整枝、防治病虫害等）→收获。

（二）棉花各生育期的划分及其特点

棉花的一生，从播种开始，经过出苗、现蕾、开花、结铃，直到吐絮和种子成熟，才告完成。这个过程称作生育周期。一般从播种期到收获期所经历的天数称作全生育期。从出苗期到吐絮期所经历的天数称作生育期。

棉花整个生育周期，按器官建成顺序，并以其典型的外部形态特征或器官出现为标准，一般分为播种出苗期、苗期、蕾期、花铃期、吐絮期五个生育时期。

1. 播种出苗期

自播种至出苗这段时间，一般经历 10～15 天。

2. 苗期

自出苗至现蕾这段时间，一般 30～40 天。

3. 蕾期

自现蕾到开花这段时间，一般 25～30 天。

4. 花铃期

自开花至吐絮这段时间，一般 50～70 天。

5. 吐絮期

自吐絮至全田收获基本结束，一般为 2 个月左右。

通常以棉田内 50％的植株达到某一标准即为该田达到某一生育时期。为了精细研究和棉田管理的需要，还可细分为孕蕾期、盛蕾期、初花期、盛花期等。

棉花生长前期主要是营养生长，植株生长很慢，地上部分比地下部分生长更慢，表现在现蕾前一个月内，植株矮小，对地面的覆盖很少。现蕾期是棉花生长发育的转折时期，植株开始加快生长，这时棉苗有一定的根系和一定的叶面积，体内积累了一些有机养料，同时正值气温稳定上升，土壤养分分解加快，故棉株进入营养生长和生殖生长并进时期，但生殖生长远比不上营养生长。棉花进入盛花期，开花数量大为增加，而现蕾速度逐渐减弱。株高日增长量明显下降，营养生长减弱，而生殖生长占优势，棉株体内营养物质的分配以供应花铃为主，这时叶面积指数达到最大值，棉花株间光照减弱，棉株生长、开花授粉及花铃发育消耗有机养料最多，营养生长和生殖生长矛盾加剧，所以这时蕾铃脱落也达到高峰。因此，棉花盛花期以后是保铃增重、形成经济产量的重要时期。

第三章 棉花化学打顶剂产品及其使用方法

第一节 土优塔棉花打顶剂及其使用方法

　　土优塔棉花打顶剂是一种接触兼局部内吸性高效植物生长抑制剂，该产品为水剂，主要成分包括 20%～25%的氟节胺乳剂、萘硼酸、乳化剂、分散剂、助溶剂和稳定剂，由河南农业大学植物保护学院和东立信生物工程有限公司共同研制。该产品由河南农业大学植物保护学院和东立信生物工程有限公司生物农药研究所科研人员经多年试验研发而成。产品具有广谱、高效、省工省力、使用方便、安全性好等优点。

一、产品特点

1. 广谱、高效

　　适用于各类棉花品种，可减轻田间的病虫害传播，还可用于果树及其他禾本科植物抑芽。

2. 省工省时

　　在棉花打顶时期施用一次，无需再进行人工打顶。药剂喷施后，棉花顶尖几乎停止生长，达到人工打顶的目的，叶片明显变绿增厚，植株明显紧凑、矮壮。缩短节间长度，抑制腋芽生长。

3. 快速、长效

　　吸收快，产品中加有强力黏合展着剂，施药 4 小时以内遇降雨无需再次喷施，不影响药效，雨季施药也方便。施药后 2～6 周，抑芽效果可达 90％以上。

4. 安全性好

药剂只作用于顶尖和腋芽，对棉花生殖生长无副作用，接触完全伸展的叶片不会有药害；对人畜低毒，不含有害残留物。

5. 增产性好

喷施后可以有效减少物理打顶对叶、蕾、花、铃的伤害，延缓棉花后期早衰，棉铃可以得到充足的营养，增加盖顶桃，促进早熟和吐絮，从而增加产量 3％～5％。

二、产品使用方法

1. 喷药时间

喷药时间应较当地人工打顶的时间向后推迟 5～6 天进行。

2. 药剂用量

药剂每亩用量 40～50 毫升，兑水 30～40 千克。

第二节　浙江禾田化工氟节胺打顶剂及其使用方法

一、产品介绍

该产品为水乳剂，主要成分为氟节胺原药＋助剂（分散剂、润湿剂、防冻剂、增稠剂、消泡剂等）配置而成，由中化集团浙江禾田化工有限公司研发与生产。现阶段该产品分两次在不同时间喷施。

二、使用技术

1. 喷药时间

第一次喷药时间：根据棉花长势，当棉株高度在 55 厘米左右、果枝台数达到 5 台、6 月 15 日左右（高度、台数和时间只要其中有一个达到要求即可施药）开始喷药。

第二次喷药时间：株高在 70～75 厘米、果枝台数在 8 台左右、正常情况在 7 月 10～15 日开始使用。

2. 用药剂量

第一次施药，采用顶喷（机械喷施），用药量 80 克/亩，兑水量 30 千克/亩，对于生长过旺的棉田，缩节胺在当地正常化学调控使用量的基础上，结合氟节胺第一次施药，酌情增加缩节胺混合使用，效果更好。

第二次施药，采用顶喷（机械喷施），用量 120 克/亩，兑水量 40 千克/亩，对于生长过旺的棉田，缩节胺在当地正常化学调控使用量的基础上，结合氟节胺第一次施药，酌情增加缩节胺混合使用，效果更好。

第三节 其他化学打顶剂及其使用方法

一、新疆金棉化学打顶剂

新疆金棉化学打顶剂为水乳剂，主要成分包括缩节胺、缓释剂、助剂等，由北京市农业技术推广站和中国农业大学农学与生物技术学院作物化学控制研究中心共同研发，新疆金棉科技有限责任公司生产。

该产品喷药时间：北疆不晚于 7 月 12 日，南疆依地域、品种而定。喷药方法：化学打顶剂每亩用量 40～50 毫升，兑水20～25 千克。顶喷的喷头高度控制在离棉株顶部 30～40 厘米，以利于药液充分喷施到棉株顶端。可与杀虫剂或其他农药混用喷施。

二、"西域金杉"牌棉花打顶剂

"西域金杉"牌棉花打顶剂是由北京碧都科贸有限公司和北京西域金杉科贸有限公司监制，乌鲁木齐碧都农业科技有限责任公司生产的一种新型棉花打顶剂。喷施"西域金杉"棉花打顶剂，于 7 月 12 日每亩喷施打顶剂 200 毫升，兑水 40 千克。

三、棉花智控专家化学打顶剂

棉花智控专家（免人工打顶）是由中国农业科学院研制的生物智能化棉花免人工打顶剂。

产品特点：①免人工打顶。②强力控旺，替代缩节胺。本品能控制棉花旺长，整个生长期不用缩节胺。③强力授粉，有效防落，可有效克服阴雨大风等恶劣天气对棉花授粉的影响。

使用方法及使用时期：初花期，每亩 100 毫升兑水 100～120 千克喷施；盛花坐铃期，每亩 100 毫升兑水 75～100 千克喷施；打顶期，每亩 100 毫升兑水 40～60 千克喷施。

四、促花王棉花打顶剂

促花王棉花打顶剂是一种可代替农作物人工打顶控制疯长、促花保果的科研成果新产品。

产品特点：能有效抑制各种作物主梢、赘芽、旁心疯长，促进花芽分化；多开花，多坐果，防落果，促发育，能够完全代替人工打顶芽和激素杀梢的传统粗放式做法，是目前唯一能把植物营养生长机能转向生殖机能，提高授粉受精质量的植物生长物理调节剂。

使用方法：花铃期将促花王打顶剂按每瓶加水 1 千克溶成母液，然后再加入 500 千克水中充分搅拌溶解后即可喷雾。于初花期坐桃前后喷雾于棉花顶部，连续喷雾三次，每次间隔 7～10 天。

五、盖顶打顶剂

产品特点：本品是中国农业科学院和河南农业大学针对棉花生长研发的化控增产因子的特效生物控制素。经本品处理后，可抑制棉花徒长和打顶，棉株矮壮、节间缩短、改善通风透气条件。有利于保铃、促使多产伏桃和秋桃，达到增产。

使用方法：每亩 10 毫升兑水 50 千克，整株喷洒。

六、质控打顶乐打顶剂

质控打顶乐是青岛瀚正益农生物科技有限公司自主研制的一种纯天然的微生物提取物和生态化学基因变异重组合体，以生物元素为载体又植入了氟节胺、黄酮植物蛋白等十几种元素。

使用方法：每亩 50 毫升药剂兑水 15 千克，均匀喷施。喷洒该药时，一般不要加大药量，避免用量过大造成花蕾变异。喷药前水肥要充足。

第四章 棉花化学打顶剂使用效果及原理

第一节 化学打顶剂对棉花农艺性状及经济性状的影响

打顶是棉花栽培管理过程中的一个重要环节，直接影响植棉经济效益。目前棉花大田生产依然采用传统的打顶方式——人工打顶，该方法时间长、工作量大、效率低、整齐度差，且伴有漏打顶的现象。因此，人工打顶严重制约棉花生产的机械化、规模化和精准化作业。目前，国内外虽然开展了机械打顶方面的研究，但存在机械损伤和过打顶等诸多问题，未得到大面积推广应用。现阶段新疆棉花生产尚未实现全程机械化，主要是棉花打顶尚未实现机械化，这严重制约新疆棉花产业的健康快速发展。目前，日益发展的化学打顶是利用植物生长调节剂强制延缓或抑制棉花顶尖的生长，控制棉花的无限生长习性，从而达到类似于人工打顶的目的——调节营养生长与生殖生长。化学打顶不会造成蕾铃损伤，还可以大幅提高棉花打顶效率、节约植棉成本。

本节对化学打顶剂在新疆棉花上的应用效果进行分析。一是检验土优塔棉花打顶剂在棉花化学打顶的田间实际效果，通过分析棉花农艺、品质、产量性状变化，确定最佳施药时间、浓度及施药次数，评价与人工打顶措施的效果差异；二是对土优塔化学打顶剂、禾田福可打顶剂、金棉打顶剂、西域金杉、北京神农源打顶剂与人工打顶进行效果差异比较试验，筛选出效果最好的化学打顶剂，为棉花打顶技术的推广和今后大面积生产应用提供科学依据。

一、材料与方法

供试药剂为东立信生物工程有限公司提供的土优塔棉花化学打顶水剂，供试棉花品种为兵团第八师主栽品种新陆早 48 号。小区试验在新疆农垦科学院农试场二轮三条田进行。所选试验点地势平坦，土壤肥力均匀，保苗株数与密度一致，棉株健壮且整齐度一致，样点无病害。试验地种植模式为 66 厘米＋10 厘米的机采棉模式，膜上点播，膜下滴灌，于 2014 年 4 月 17 日滴出苗水，深施基肥磷酸二铵（15 千克/亩）＋尿素（10 千克/亩），腐熟农家肥 3 400 千克/亩。生育期灌水 8 次，每亩灌量 350 米^3。花铃期随水滴六次棉花专用肥，每次 5～9 千克/亩。2014 年 10 月 4 日人工采收。

试验采用随机区组排列，试验区旁设保护带，重复 3 次，设 15 个处理，每个处理设 9.5 米行长，播幅 4.7 米，处理面积 22.2 米^2，药剂总喷施面积为 66.7 米^2，两次试验总共占地面积 1 000.5 米^2。

试验处理设置如下：

（1）2014 年 7 月 5 日喷施土优塔棉花打顶剂

每亩用量分别为 30 毫升（T1）、40 毫升（T2）、50 毫升（T3）、60 毫升（T4）、70 毫升（T5），兑水 30 千克/亩，分别在叶面均匀喷施一次。

（2）喷施禾田福可化学打顶剂（T6）

分两次叶面喷施：开花期（2014 年 6 月 25 日）第一次喷施化学打顶剂，氟节胺用量为 80 克/亩，兑水 40 千克/亩；盛花期（2014 年 7 月 15 日）第二次喷施氟节胺，其用量为 120 克/亩，兑水 50 千克/亩，两次缩节胺用量均为 2 克/亩。

（3）喷施西域金杉（T7）

亩用量 180 毫升，叶面均匀喷施一次。

（4）喷施金棉化学打顶剂（T8）

2014 年 7 月 10 日叶面均匀喷施一次，亩用量 50 毫升，兑水 40 千克。

（5）喷施北京神农源生物科技发展有限公司棉花打顶剂（T9）

2014 年 7 月 1 日第一次喷施 35 毫升/亩，兑水 40 千克/亩，2014 年 7 月 15 日第二次喷施 65 毫升/亩，兑水 40 千克/亩。

（6）人工打顶（T10）为试验各处理对照（CK）

打顶时间为 2014 年 7 月 5 日。

（7）2014 年 7 月 15 日喷施土优塔棉花打顶剂

每亩用量分别为 30 毫升（T11）、40 毫升（T12）、50 毫升（T13）、60 毫升（T14）、70 毫升（T15），兑水 30 千克/亩，叶面均匀喷施一次；化学打顶采用人工喷雾器喷施方法，将配置药水全部均匀打完为止，确保药量；喷施前人工打顶按照传统方法以 1 叶 1 心为标准摘除顶尖作为对照。

测定项目：农艺性状的测定。每处理定点选取长势均匀一致的健康植株 10 株，并进行挂牌标记，分别调查各处理棉株的株高、果枝数、叶龄数、打净率等农艺性状。

分别统计调查每处理收获结铃数和单株结铃数；分别称量各处理小区内霜前籽棉、霜后籽棉，进行小区实收测产。小区各处理分 3 次采收棉株上、中、下部各 20 朵完全吐絮棉铃，测定单铃重、百粒重、籽指、衣指，并将皮棉样送农业部农产品质量监督检验测试中心进行纤维品质测定，检测绒长、比强、马克隆值、整齐度、伸长率。

二、结果与方法

（一）不同棉花打顶剂处理对棉株形态的影响

通过田间观察发现，喷施不同棉花打顶剂后各处理都相同表现为株型较对照（CK）紧凑，顶心凹陷；各处理之间的棉株形态表现又存在差异，不尽相同。土优塔棉花打顶剂表现为顶部叶片皱缩变小，顶部叶片深绿，植株整齐度好，施药20～30天后顶尖停止生长，生育后期顶心脱落，无腋芽生长，抗早衰，抗冷害；禾田福可氟节胺打顶剂表现为顶部叶片皱缩、叶脉发黄，植株高矮不一，整齐度差，施药20～25天以后主茎停止生长，生育后期顶心脱落，无腋芽生长；西域金杉打顶剂表现为顶部叶片变厚，叶色正常，植株整齐度差，施药10～20天以后主茎停止生长，生育后期顶部干枯，果枝节间有腋芽生长；金棉打顶剂表现为顶部叶片变小，顶心褪绿，施药10天以后主茎停止生长，植株整齐度好，生育后期顶心脱落，植株无腋芽；北京神农源棉花打顶剂表现为顶部叶片变小，叶色深绿，施药10～20天以后主茎停止生长，植株整齐度好，生育后期顶部果枝二次发育，植株有腋芽。综上，喷施土优塔棉花打顶剂、禾田福可氟节胺打顶剂、西域金杉打顶剂、金棉打顶剂后，打顶剂起逐步抑制植株生长作用，直至最后植株呈现自封顶效果；喷施土优塔棉花打顶剂、禾田福可氟节胺打顶剂、金棉打顶剂后能起到抑制腋芽生长、防止棉株早衰和防御冷害的作用。

（二）喷施化学打顶剂的各处理对棉株农艺性状的影响

喷施化学打顶剂不仅控制了植株的生长，而且还重塑了植株的株型。就株高而言，从表4-1可见，2014年7月5日喷药各处理与对照（CK）的株高差异不大，最大高度差距不超过1厘米。其他处理的株高与对照（CK）存在一定的差值，差值不超过13厘米。随时间推移，各处理的株高呈现升高的趋势，处理中除了T8和T9外，其他处理的株高都在喷药到喷药后10天这段时间的涨幅最大，到喷药后20天这段时间又有所增高，但增幅不大并趋于稳定，到收获时基本保持在喷药后20天时的高度，高度变化起伏不大，甚至出现高度降低的现象，而T8和T9处理在喷药后10天即能有效控制株高。所有喷药处理都能有效地控制株高的生长，各喷药处理与对照（CK）相比株高增幅在－3.4～11.4厘米的范围区间内。在收获时各处理的株高排序为：T15＞T11＞T6＞T12＞T13＞T14＞T7＞T4＞T9＞T3＞T2＞T10（CK）＞T1＞T5＞T8。

就果枝台数而言，从表4-1可见，喷药的各药剂处理随时间推进呈现递增的趋势，增加的幅度随着喷药时间的推移逐渐减小，增加果枝台数的范围在0.9～3台，各处理之间明显呈现递增的变化规律；在收获时各处理的果枝台数排序为：T5＞T3＝T4＞T6＝T11＝T14＞T7＝T8＝T15＞T9＞T1＞T2＞T13＞T10（CK）。

在单株蕾铃数方面，从表4-1可见，除T2、T7、T8处理外，其他处理单株蕾铃喷药后10天随时间推移呈递增趋势，喷药后20天随时间推移呈递减趋势；而T2处理的单株蕾铃数在喷药后20天内呈现先减后增的趋势，T7、T8处理的单株蕾铃数则在喷药后20天内呈现递减的趋势，与对照（CK）趋势保持一致。

在单株铃数方面，从表4-1可见，由于喷药的时间点有所不同，在调查过程中前期喷药当天调查的单株铃数明显少于后期喷药的单株铃数。虽然喷药的时间有所不同，但所有喷药的各处理都随时间推进呈现递增的趋势，到8月下旬的盛铃后期单株铃数均达到较好的水平；到收获时，绝大多数的各药剂处理的单株铃数都低于对照（CK）的单株铃数；但试验中T2、T3、T4、T8、T13、T14处理的单株铃数高于对照（CK）处理，并且T13、T3处理的单株铃数显著高于对照（CK）。

在单铃重方面，从表4-1可见，喷药的各药剂所有处理与对照（CK）之间铃重差异不大，最大差值不超过0.6克，喷施土优塔棉花打顶剂的不同处理不随药剂量的变化而发生规律性变化，铃重相对对照（CK）有大有小。而其他化学打顶试剂除T7外单铃重都高于对照（CK）或保持一致。

上部果枝成铃是影响棉花总体产量的重要因素之一。从表4-2可以看出，所有喷药处理的倒四果枝蕾铃数随时间推进呈现

表 4-1　不同棉花打顶剂处理对新陆早 48 号主要农艺性状的影响

农艺参数	测定时间	T1	T2	T3	T4	T5	T6	T7	T8	T9	T10	T11	T12	T13	T14	T15
株高（厘米）	喷药当天	53.9	54.3	53.1	54.2	53.6	65.7	65.9	59.7	59.7	53.4	65.9	65.5	66.4	65.1	65.1
	药后10天	61.9	62	60.8	64.2	60.3	68.6	69.2	61.1	62.8	58.9	74.8	74.1	71.8	71	73.6
	药后20天	64.7	65.5	67	69.9	64.4	73	70.8	62.4	65.5	65.8	77.5	75.6	72.8	71.7	75.7
	收获时	65.5	67.3	67.5	70.4	65.3	76.1	71.3	63.6	69.5	66.1	77.4	75.6	72.6	72.2	77.5
果枝台数（台）	喷药当天	8.2	8.3	8.6	8	7.2	9.1	8.8	9	8.9	7.1	9.2	9.4	10.2	8.5	8.9
	药后10天	9.2	8.9	9.4	9	8.2	10	9.8	10.8	9.6	7.4	11.1	10.7	10.7	10.1	10.2
	药后20天	9.9	9.7	10.7	10.4	9.5	10.9	10.6	10.8	10.4	7.7	11.5	11.2	11.2	10.3	10.5
	收获时	10	10	11.2	10.6	10.2	11.4	10.9	11.1	10.9	7.6	11.5	10.8	11.1	10.8	11
单株蕾铃数（个）	喷药当天	14.1	13.4	14	11.3	10.6	12.2	12.8	13.9	12.4	11.3	12.2	12.2	16.1	9.8	9.8
	药后10天	14.9	12.5	14.3	12.1	13.1	12.4	12.4	12.4	13.2	10.6	13.8	13.2	16.9	10.3	10.7
	药后20天	12.2	13.9	14.6	11.8	11.5	11	9.1	8.3	7.7	10.6	9.5	8.6	12.4	8.6	9.1
单株铃数（个）	喷药当天	0.7	0.2	1.1	0.4	0.3	4.1	4	4.3	3.6	0.3	3.3	3.7	6.4	3.1	3.6
	药后10天	5.6	4.4	6.1	4.1	4.3	5.4	4.5	6.1	5	3.5	3.7	4.6	6.9	3	4
	药后20天	7.8	7.2	9.2	7.2	6.4	7.1	6.3	6.2	6.3	5.4	6.8	6.2	10.4	5.6	6.8
	收获时	7.3	7.5	8.1	7.5	6.8	6.1	6.2	7.8	7.2	7.4	6.4	6.9	8.8	7.4	6.5
单铃重（克）	收获后	6.1	5.6	6	6.2	6.1	5.7	5.5	6	5.6	5.6	5.9	5.5	6	6.3	5.7

表 4-2　不同棉花打顶剂处理对新陆早 48 号主要农艺性状的影响

农艺参数	测定时间	T1	T2	T3	T4	T5	T6	T7	T8	T9	T10	T11	T12	T13	T14	T15
倒四果枝蕾(个)	喷药当天	5.8	5.4	5.8	5.6	5.4	5.4	5.5	6.3	4.9	5.4	5	5.3	6.1	4.4	4.3
铃数(个)	药后10天	6	5.4	5.7	6.2	5.9	4.5	4.8	3.5	4.5	5.6	4.7	4.9	4.9	4.4	3.6
	药后20天	3.8	4.1	3.9	3.9	4.1	2.9	2.5	2.5	2.1	5.4	2.5	3.1	2.7	3.2	2.8
	收获时	1.1	1.3	1.7	1.1	0.9	0.8	0.9	1.1	0.8	3.4	1.9	1.5	2.7	2	1.2
叶龄数	喷药当天	12.7	13.1	13.4	12.3	12.2	14	13.8	13.9	13.7	12.2	14.1	14.3	15	13.5	13.9
	药后10天	14	13.9	14.3	14.1	13.1	15.1	14.8	15.7	14.6	12.6	16.1	15.6	15.7	15.1	15.2
	药后20天	14.9	14.2	15.6	15.4	14.5	15.8	15.6	15.8	15.4	12.7	16.4	16.2	16.2	15.3	15.5
	收获时	15	15	16.1	15.6	15	16.2	15.9	15.9	15.8	13	16.5	15.8	16.1	15.8	16
腋芽	药后20天	无	无	无	无	无	无	无	无	无	无	无	无	无	无	无
	收获时	无	无	无	无	无	无	有	无	有	无	无	无	无	无	无
顶尖	喷药当天	正常	正常	正常	正常	正常	正常	正常	正常	正常	正常	正常	正常	正常	正常	正常
	药后10天	褪绿	褪绿	褪绿	褪绿	褪绿	褪绿	褪绿	褪绿	褪绿	褪绿	褪绿	褪绿	褪绿	褪绿	褪绿
	药后20天	灰白	灰白	灰白	灰白	灰白	灰白	灰白	脱落	灰白	灰白	灰白	灰白	灰白	灰白	灰白
打净率(%)	药后30天	83.3	88	93.3	93.6	94.8	83	85.7	86.8	91.5	100	82.2	86.5	90.2	90.9	92.3
百粒重(克)	收获后	16.7	17.6	18.0	18.1	17.7	17.5	17.7	18.0	17.3	17.0	17.0	17.7	17.8	17.8	17.4
籽指	收获后	8.9	9.0	9.7	10.0	9.8	9.4	9.6	9.9	9.4	9.4	9.4	9.7	9.9	9.8	9.5
衣指	收获后	7.8	8.6	8.3	8.5	8.0	8.1	8.1	8.1	7.8	8.0	7.6	8.0	7.8	8.0	7.9

出与单株蕾铃数相同的变化趋势，喷药的各药剂处理比对照（CK）一般多长 0.9～3 台果枝，但倒四果枝蕾铃数却与果枝数呈负相关。在收获时，喷药的各药剂处理的倒四果枝蕾铃数在 0.8～2.7 个/株，所有喷药处理均低于对照（CK）。综上说明，喷施化学打顶剂对植株顶部成铃有一定的影响，从而整体上降低了单株成铃数，对产量有一定的影响。

在叶龄数和打净率方面，从表 4-2 中可知，所有处理的叶龄数都是随着时间的推移逐渐递增的，有所不同的是喷药处理的叶龄数之间差异不大，但都高于对照（CK）。而打净率关系到棉花打顶的质量和效果。试验中可以看出，喷施土优塔棉花化学打顶剂的处理随着药剂用量的增加，打净率也随即增加，除对照外其他喷药处理中 T5 的打净率最佳。从表 4-2 中可以看出所有喷药处理的百粒重、籽指、衣指与对照（CK）比较相差不大，所有处理的数值与对照（CK）相比不超过 1，无明显的差异。故喷药的各化学打顶药剂对百粒重、籽指、衣指影响不大。

（三）不同棉花打顶剂处理对新陆早 48 号纤维品质的影响

喷施化学打顶药剂对棉花纤维品质无明显影响，从表 4-3 中可以发现所有喷药处理的上半部纤维长度、比强度、马克隆值、整齐度、伸长率等与对照（CK）相比均无明显差异，但喷施土优塔棉花打顶剂的个别处理呈现出比强度增大的效果，造成这些差异的具体原因不明，可能与喷药时间有关，也可能是取样代表性和测定的问题，需要进一步确认。

表 4-3　不同棉花打顶剂处理对新陆早 48 号纤维品质的影响

处理	上半部绒长（毫米）	比强度（牛顿/特克斯）	马克隆值	整齐度（%）	伸长率（%）
T1	27.3a	28.4a	4.7a	84.1a	6.7a
T2	27.5a	28.6a	4.5a	84.7a	6.7a
T3	27.7a	27.5a	4.5a	85.3a	6.6a

（续）

处理	上半部 绒长（毫米）	比强度 （牛顿/特克斯）	马克隆值	整齐度 （%）	伸长率 （%）
T4	27.7a	28.2a	4.6a	84.3a	6.7a
T5	27.9a	27.1a	4.6a	84.8a	6.7a
T6	27.4a	27.2a	4.5a	84.8a	6.6a
T7	26.9a	27.1a	4.5a	84.4a	6.6a
T8	28.0a	28.0a	4.7a	85.5a	6.8a
T9	27.2a	27.2a	4.6a	84.5a	6.7a
T10	27.1a	26.7a	4.6a	84.1a	6.5a
T11	27.6a	27.1a	4.5a	85.3a	6.7a
T12	27.6a	28.0a	4.6a	85.2a	6.6a
T13	27.6a	28.2a	4.6a	84.6a	6.6a
T14	27.1a	27.3a	4.6a	84.4a	6.6a
T15	27.2a	27.7a	4.6a	84.5a	6.7a

注：同一列不同字母代表不同打顶方式间在 $P<0.05$ 水平上差异显著。下同。

（四）不同棉花打顶剂处理对新陆早 48 号产量性状的影响

从表 4-4 结果显示，就亩铃数情况而言，T2、T3、T4、T8、T13、T14 处理的亩铃数均高于对照（CK），其中以 T13 处理的亩铃数最高，达到 121 935 个，比对照（CK）处理的多出 18 988 个铃数。T2、T8、T3 处理的亩铃数也显著高于对照（CK），T4、T14 处理与对照（CK）处理的差异不显著，而其余处理低于对照（CK）处理亩铃数并且差异显著。籽棉产量方面，T2、T3、T8、T13、T14 处理的籽棉产量高于对照（CK）处理，其中 T4、T6、T7、T12 处理与对照（CK）处理差异不显著，其他喷药处理的籽棉产量低于对照（CK）处理籽棉产量。皮棉产量方面，T3、T8、T12、T13、T14 处理的皮棉产量高于对照（CK），其中以 T13 处理的皮棉产量最高，其余药剂处理的皮棉产量低于对照（CK）处理皮棉产量。试验中喷药各药剂处理对霜前花率指标影响不大，与对照（CK）差异不显著，喷药各药剂处理的霜前花率均较高，都在 95％左右。综上可见，不同化学打顶剂相对于对照（CK）可导致单铃重、亩铃数、籽棉产量的增高或降低，究其原因和内在影响机理有待于进一步试验研究。

表 4-4　不同棉花打顶剂处理对新陆早 48 号产量性状的影响

处理	亩铃数 （万个/亩）	籽棉产量 （千克/亩）	皮棉产量 （千克/亩）	霜前花率 （％）
T1	102 286b	418.2c	183.9c	94.3a
T2	103 755b	430.5ab	186.4b	95.0a
T3	112 866ab	436.8ab	193.5a	95.4a
T4	105 589b	426.9b	184.5c	96.0a
T5	95 129c	410.9c	180.4c	95.5a
T6	84 659d	424.7b	184.2	95.2a
T7	86 667d	425.4b	190.4ab	95.9a
T8	108 685ab	435.0ab	192.4ab	94.5a
T9	100 165b	417.0c	184.6c	96.1a
T10	102 947b	428.5b	191.1ab	95.2a
T11	88 111d	423.7c	189.9b	96.5a
T12	95 148c	426.0b	191.2ab	94.7a
T13	121 935a	447.2a	199.1a	94.7a
T14	103 194b	440.8a	196.5a	95.0a
T15	90 499c	421.1c	187.8b	93.4a

第二节 化学打顶剂对棉花生理特性的影响

针对不同打顶处理后果枝数、铃数、铃空间分布、叶片厚度、叶面积的形态特征和叶绿素、生理代谢酶系的生化特性进行研究，摸清化学打顶的主要作用部位和生理生化特征的变化规律，探寻出化学打顶对棉花调控机理，以期为提高化学打顶大田应用效果、增加棉花产量提供指导和理论依据。

一、材料与方法

（一）试验材料

试验开展地点为新疆农垦科学院生物技术所试验地，供试棉花品种为兵团第八师主栽品种新陆早 46 号和新陆早 61 号。供试化学打顶试剂为土优塔、禾田福可氟节胺棉花打顶剂，对照为人工打顶处理。

（二）试验设计

试验地采用地膜覆盖，1 膜 6 行的播种方式，每条行长为 5 米；每个材料所有的对照为 1 个小区，每小区为 6 条膜，设 3 次重复，在打顶时按照不同化学打顶剂使用说明进行喷施。

（1）2014 年 7 月 12 日喷施土优塔棉花打顶剂 50 毫升/亩＋缩节胺 5 克/亩，兑水 30 千克/亩，叶面均匀喷施一次。

（2）喷施禾田福可化学打顶剂，分两次叶面喷施，开花期（2014 年 6 月 25 日）第一次喷施化学打顶剂，氟节胺用量为 80 克/亩，兑水 40 千克/亩；盛花期（2014 年 7 月 12 日）第二次喷施氟节胺，其用量为 120 千克/亩，兑水 50 千克/亩，两次缩节胺用量均为 2 克/亩。

（3）人工打顶为试验各处理对照，打顶时间为 2014 年 7 月 12 日。化学打顶采用人工喷雾器喷施方法，将配置药水全部均匀打完为止，确保药量；喷施前人工打顶按照传统方法以1叶1心为标准摘除顶尖作为对照。其他栽培管理方式参照一般高产田进行。

（三）测定指标及方法

1. 单株果枝数、结铃数、棉铃空间分布

2014年9月20日每个处理随机连续挑选10株，调查果枝数、结铃数、下部铃（1~3果枝）、中部铃（4~6果枝）、上部铃（7果枝以上）、内围铃（第一果节）、外围铃（第二果节），每个指标取重复值的平均值。

2. 叶面积、叶片厚度、叶绿素

分别在2014年7月12日、7月17日、7月21日、7月31日选上午9~11时，用叶面积测量仪测定各处理的棉花倒四叶叶片厚度、倒四叶叶面积；分别在2014年7月12日、7月17日、7月21日、7月31日、8月10日、8月20日选上午9~11时，用SPAD-502叶绿素仪测定各处理的棉花倒四叶的叶绿素相对含量（SPAD值）；每个品种测量10株，取平均值。

3. 过氧化物酶（POD）、超氧化物歧化酶（SOD）、丙二醛（MDA）

分别在2014年7月12日、7月21日、7月31日、8月10日、8月20日、8月30日选上午9~11时取样（棉花倒四叶），测定过氧化物酶、超氧化物歧化酶的活性和丙二醛的含量。方法如下：POD活性测定采用愈创木酚法，SOD活性测定采用氮蓝四唑（NBT）光下还原法，MDA含量测定采用硫代巴比妥酸法。

二、结果与分析

（一）打顶方式对棉花果枝数和铃数的影响

由图4-1可以看出，在新陆早46号上，土优塔处理的果枝数和铃数都高于人工打顶和氟节胺处理。在新陆早61号上，土优塔处理果枝数高于人工打顶，而低于氟节胺处理；土优塔处理的铃数高于人工打顶和氟节胺处理。三个处理在两个棉花品种的铃数变化趋势与果枝数变化趋势相同。

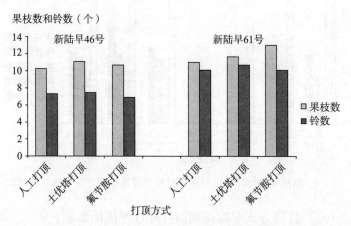

图 4-1　新陆早 46 号与 61 号不同打顶处理果枝数和铃数变化趋势比较

（二）打顶方式对棉铃空间分布的影响

由图 4-2 可以看出，在新陆早 46 号上，不同打顶方式对铃的水平、垂直空间分布影响趋势一致。在水平分布上，三种打顶方式处理后都集中在内围铃上；在垂直分布上，都主要集中在中部铃上，这一点在一定程度上说明化学打顶能替代人工打顶，但在垂直分布上，三种打顶方式存在着一定的差异，人工打顶和土优塔处理趋势类似，中部铃数要明显多于下部铃，而氟节胺处理中部铃与下部铃数差异不大。在新陆早 61 号上，不同打顶方式对铃的水平、空间分布影响趋势则与新陆早 46 号类似，都集中在内围铃上，但在垂直分布上则有所差异，人工打顶与氟节胺处理变化趋势一致，都是中部铃数要多于下部铃，而土优塔处理中部铃与下部铃数有一定差异，且铃数要远多于人工与氟节胺处理。这说明针对不同品种，不同化学打顶剂效果不太一致，需要在使用过程中摸索改进，达到更好的效果。

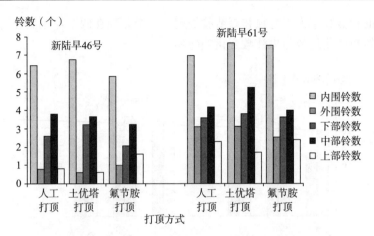

图 4-2　新陆早 46 号与 61 号不同打顶处理铃空间分布变化趋势比较

（三）打顶方式对棉花倒四叶叶片厚度的影响

由图 4-3 可以看出，在新陆早 46 号上，不同打顶处理方式对倒四叶叶片厚度变化趋势影响不同，土优塔处理与人工打顶处理叶片厚度变化趋势一致，而氟节胺处理与前两种打顶方式对叶片厚度变化趋势相反，说明不同打顶处理方式对叶片内部结构的影响不同，土优塔处理更接近人工打顶处理。在新陆早

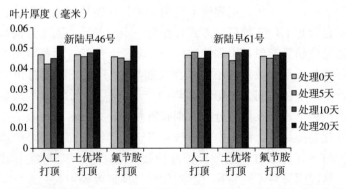

图 4-3　新陆早 46 号与 61 号不同打顶处理倒四叶叶片厚度变化趋势

61 号上，三种处理方式对叶片厚度的影响与 46 号不同，土优塔和氟节胺处理更相似，而人工打顶处理前期变化趋势则与其相反。

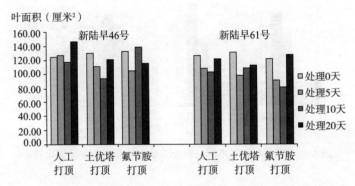

图 4-4 新陆早 46 号与 61 号不同打顶处理方式倒四叶叶面积变化趋势

（四）打顶方式对棉花倒四叶叶片面积的影响

由图 4-4 可以看出，在新陆早 46 号上，不同打顶处理方式对倒四叶叶面积变化趋势影响不同，土优塔处理更接近人工打顶处理变化趋势，而氟节胺处理与前两种打顶方式对叶片厚度变化趋势相反，说明不同打顶处理方式对面积的影响不同，土优塔处理更接近人工打顶处理。在新陆早 61 号上，三种处理方式对叶面积的影响与 46 号不同，氟节胺处理与人工打顶处理一致，而土优塔处理变化趋势则与前两种处理方式相反。

（五）打顶方式对棉花倒四叶叶绿素的影响

由图 4-5 和图 4-6 可以看出，在新陆早 46 号和 61 号上，不同打顶处理方式对叶绿素含量变化趋势影响一致，都呈现出先减小后增加，处理后 20 天到达最高峰值，随后逐渐减小的趋势。人工打顶处理在 30 天后叶绿素含量迅速下降，50 天后叶绿素含量只有 12%～13%，而土优塔处理和氟节胺处理虽然在 30 天后叶绿素含量也有所下降，但降速缓慢，50 天后叶绿素含量仍然能保持在 25%～30%。

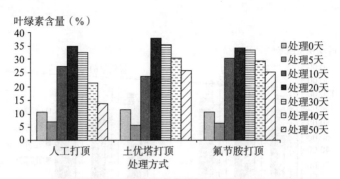

图 4-5　新陆早 46 号不同打顶处理倒四叶叶绿素含量变化趋势

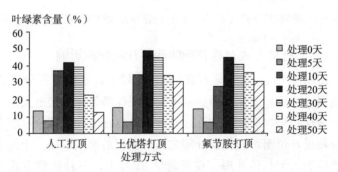

图 4-6　新陆早 61 号不同打顶处理倒四叶叶绿素含量变化趋势

（六）打顶方式对棉花叶片 POD 活性的影响

POD 是植物体内清除过氧化物，降低活性氧伤害的酶之一。由图 4-7 和图 4-8 可以看出，随棉花生育进程的推进，新陆早 46 号和 61 号两个棉花品种叶片 POD 活性总体随时间推延呈逐渐增加的变化趋势。新陆早 46 号和 61 号叶片 POD 活性化学打顶处理间表现趋势是一致的，均为人工打顶＞土优塔打顶＞氟节胺打顶。其中新陆早 46 号叶片 POD 活性在处理后 10～20 天快速增长。新陆早 46 号和 61 号叶片 POD 活性人工打顶处理间表现趋势有一定差异，在处理后 40 天，新陆早 46 号叶片 POD 活性呈下降趋势，而新陆早 61 号叶片 POD 活性依然呈上升趋势。

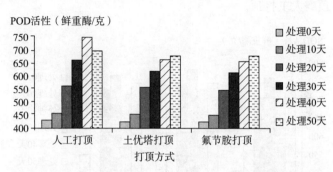

图 4-7　新陆早 46 号不同打顶处理棉花叶片 POD 活性变化趋势

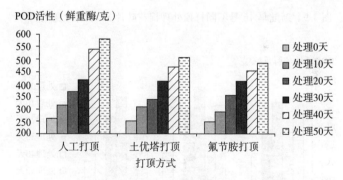

图 4-8　新陆早 61 号不同打顶处理棉花叶片 POD 活性变化趋势

（七）打顶方式对棉花叶片 SOD 活性的影响

SOD 是植物体内清除活性氧的关键酶。SOD 在抗氧化酶类中处于核心地位，棉花生育后期叶片 SOD 活性可以作为叶片抗衰老的指标。植物体内 SOD 活性的增强能提高植物抗氧化胁迫的能力。由图 4-9 和图 4-10 可以看出，新陆早 46 号和 61 号两个棉花品种叶片 SOD 活性所有处理 10 天后下降，20 天后升高，30 天后逐渐降低。新陆早 46 号和 61 号叶片 SOD 活性的人工打顶和化学打顶处理间表现趋势是一致的，均为土优塔打顶＞氟节胺打顶＞人工打顶。

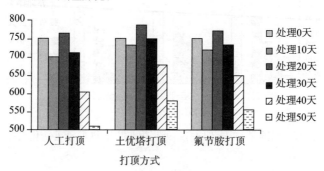

SOD活性（鲜重酶/克）

图 4-9　新陆早 46 号不同打顶处理棉花叶片 SOD 活性变化趋势

图 4-10　新陆早 61 号不同打顶处理棉花叶片 SOD 活性变化趋势

（八）打顶方式对棉花叶片 MDA 含量的影响

MDA 是一种强烈地与细胞内其他成分发生氧化反应的物质，因而易引起对酶和膜的严重损伤，导致膜结构完整性及生理功能的破坏，是反映膜质过氧化程度的重要指标，在衰老的过程中不断积累，其积累来自不饱和脂肪酸的降解。由图 4-11 和图 4-12 可以看出，随棉花生育进程的推进，新陆早 46 号和 61 号两个棉花品种叶片 MDA 活性所有处理总体随时间推延呈逐渐增加的变化趋势。新陆早 46 号和 61 号叶片 MDA 活性的人工打顶和化学打顶处理间表现趋势是一致的，均为人工打顶＞土优塔打顶＞氟节胺打顶。其中，新陆早 46 号叶片 MDA 活性处理后 40 天呈快速上升趋势。

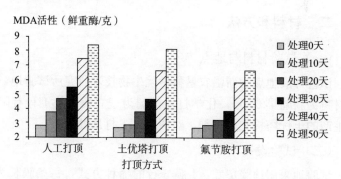

图 4-11 新陆早 46 号不同打顶处理棉花叶片 MDA 含量变化趋势

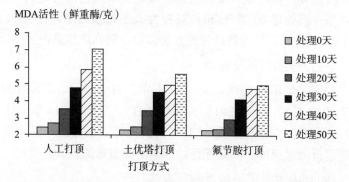

图 4-12 新陆早 61 号不同打顶处理棉花叶片 MDA 含量变化趋势

第三节 化学打顶剂对棉花内源激素的影响

一、试验目的

通过田间小区试验，对土优塔棉花化学打顶剂和人工打顶后棉株内源激素的变化，筛选出对棉花起到封顶作用的主要响应指标，摸清化学打顶对棉株内源激素的变化规律，以期为棉花打顶剂的进一步优化选择提出理论依据。

二、材料和方法

（一）试验材料与地点

试验开展地点为新疆农垦科学院生物技术研究所试验地，试验材料为新陆早 61 号，化学打顶试剂为东立信生物工程有限公司生产的土优塔棉花打顶剂，对照为人工打顶处理。

（二）试验设计

试验地采用地膜覆盖、1 膜 6 行的播种方式，每条膜长为 5 米；每个材料所有的对照和处理为 1 个小区，每小区为 2 条膜，设 3 次重复，在打顶时按照前期试验获得的适合浓度进行喷施；土优塔一次处理 50 毫升/亩；对照为人工打顶处理，在 2014 年 7 月 12 日进行，其他栽培管理方式参照一般高产田进行。

（三）样品采集及处理

分别采集不同处理 0 天（2014 年 7 月 12 日）、1 天（2014 年 7 月 13 日）、2 天（2014 年 7 月 14 日）、5 天（2014 年 7 月 17 日）、10 天（2014 年 7 月 23 日）的倒四叶、根样品，锡箔纸包裹并进行液氮速冻－80℃保存，用于内源激素的提取、测定。

（四）内源激素提取及测定方法

内源激素测定类型：脱落酸（ABA）、细胞分裂素（CTK）、吲哚乙酸（IAA）、赤霉素（GA_3）、玉米素核苷（ZR）提取方法参照王艳红等人的方法进行提取、保存，具体步骤如下。

（1）准确称取样品 2 克，放入研钵（置于冰上），加入 5 毫升 80% 的甲醇，研磨提取。

（2）在弱光下操作，匀浆后倒入 10 毫升离心管中，置于 4℃，10 000 转/分钟离心机中离心 10 分钟。

（3）取上清液，再用 1 毫升 80% 甲醇溶解残渣，离心，合并上清液过 C_{18} 柱纯化样品。

（4）C_{18} 柱预先用甲醇和 80% 甲醇各 5 毫升润洗，取 2 毫升样品过柱，收集滤液。

（5）采用 0.22 微米的微孔滤膜过滤，封口－20℃保存备用。测定方法采用酶联免疫法（ELISA）进行测定，送购买试剂盒的公司进行样品的测定。

三、试验结果

（一）土优塔处理对倒四叶内源激素含量变化的影响

1. 土优塔处理对倒四叶 GA_3 含量的影响

由图 4-13 可以看出，土优塔处理对照人工打顶处理倒四叶中 GA_3 含量在处理 2 天前变化趋势一致，呈明显的单峰且无显

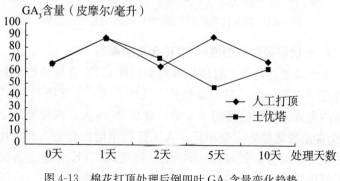

图 4-13　棉花打顶处理后倒四叶 GA_3 含量变化趋势

著差异；处理 2～5 天，变化趋势完全相反，人工打顶呈急剧增加的趋势，而土优塔处理呈急剧下降的趋势；处理 10 天，两种处理方式 GA_3 含量水平回归到几乎一致的水平。

2. 土优塔处理对倒四叶 ABA 含量的影响

土优塔处理和人工打顶处理倒四叶中 ABA 含量在整个处理过程后期 ABA 含量的变化趋势截然相反，人工打顶处理 ABA 含量在整个过程中呈正双峰趋势，而土优塔处理在整个处理过程中呈反向的双峰趋势（图 4-14），且在处理 1 天和 5 天时与人工打顶处理有显著性差异；在处理 10 天后，土优塔处理 ABA 含量几乎是人工打顶处理 ABA 含量的 1.3 倍。

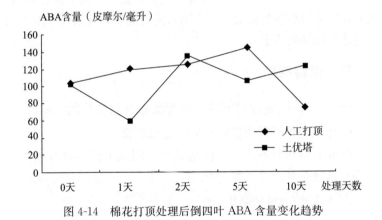

图 4-14　棉花打顶处理后倒四叶 ABA 含量变化趋势

3. 土优塔处理对倒四叶 CTK 含量的影响

土优塔处理与人工打顶处理对倒四叶 CTK 含量的影响趋势在处理 2 天前一致，呈单峰趋势；处理 2 天，土优塔处理 CTK 含量约为人工打顶处理的 1.5 倍；处理 2～5 天，两种处理方式 CTK 含量变化趋势完全相反，人工打顶呈增加趋势，而土优塔处理呈下降趋势；处理 10 天，土优塔处理 CTK 含量显著高于人工打顶处理（图 4-15）。

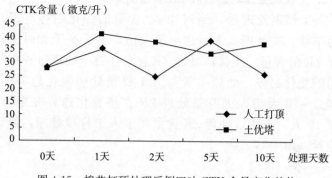

图 4-15　棉花打顶处理后倒四叶 CTK 含量变化趋势

4. 土优塔处理对倒四叶 IAA 含量的影响

人工打顶处理后，倒四叶 IAA 含量的变化趋势呈现出明显的单峰，处理 2 天达到最大值，显著高于此时土优塔处理 IAA 的含量。土优塔处理 IAA 含量在整个过程中呈现出明显的双峰趋势，峰值分别出现在处理 1 天和 5 天，处理 5 天时 IAA 含量显著高于同期人工打顶处理 IAA 的含量；处理 10 天，两种打顶方式 IAA 含量相当（图 4-16）。

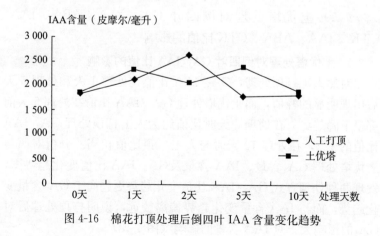

图 4-16　棉花打顶处理后倒四叶 IAA 含量变化趋势

5. 土优塔处理对倒四叶 ZR 含量的影响

人工打顶处理后，倒四叶 ZR 含量的变化趋势呈现出明显的单峰，在处理 2 天后达到最大值，显著高于此时土优塔处理 ZR 的含量。土优塔处理 ZR 含量在整个处理过程中呈不规则的变化趋势，处理 1 天与人工打顶处理变化趋势一致；处理 2~10 天与人工打顶处理 ZR 含量变化趋势完全相反；处理 10 天，土优塔处理 ZR 含量高于人工打顶处理，但无显著差异（图 4-17）。

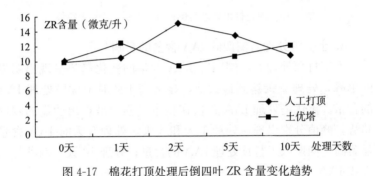

图 4-17 棉花打顶处理后倒四叶 ZR 含量变化趋势

（二）土优塔处理对倒四叶 GA_3／IAA、ABA／IAA、CTK／IAA、ABA／CTK 比值的影响

1. 土优塔处理对倒四叶 GA_3／IAA 比值的影响

对照人工打顶处理，GA_3/IAA 比值在处理 1 天和处理 5 天后出现明显的峰值，而土优塔处理 GA_3/IAA 比值在处理 5 天前都呈下降趋势，在处理 5 天时比值约为人工打顶处理 GA_3/IAA 比值的 1/2，在处理 10 天时与人工打顶比值相当。分析对照与土优塔处理 GA_3 含量、IAA 含量及 GA_3/IAA 比值变化趋势图，发现两种处理方式 GA_3/IAA 比值变化趋势更趋向于 GA_3 含量变化趋势，而与 IAA 含量变化趋势偏离较远，说明打顶处理后对 GA_3 的影响大于对 IAA 含量的影响（图 4-18）。

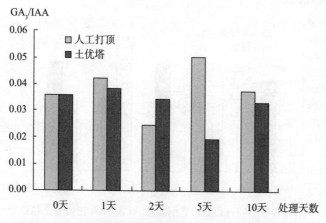

图 4-18　不同打顶处理后倒四叶 GA_3/IAA 比值变化趋势

2. 土优塔处理对倒四叶 ABA/IAA 比值的影响

土优塔处理 ABA/IAA 比值与人工打顶处理在整个过程中变化趋势完全相反。人工打顶在处理 1 天和 5 天时分别出现两个不同程度的峰值，而土优塔处理此时却在反方向出现了两个不同程度的峰值，即为最小值，且与人工打顶相比此时 ABA/IAA 比值达到了极显著的水平。处理 5～10 天，两种打顶方式 ABA/IAA 比值变化趋势完全相反，人工打顶呈急剧下降趋势，而土优塔处理呈急剧上升的趋势，最终约为人工打顶处理的 1.3 倍。分析对照与土优塔处理 ABA 含量、IAA 含量及 ABA/IAA 比值变化趋势图，发现两种处理方式 ABA/IAA 比值变化趋势更趋向于 ABA 含量变化趋势，说明打顶处理后对 ABA 的影响占据了主导地位（图 4-19）。

3. 土优塔处理对倒四叶 CTK/IAA 比值的影响

土优塔处理和人工打顶处理 CTK/IAA 比值变化趋势与 GA_3/IAA 比值变化趋势高度相似，差别之处在于处理 1 天和 10 天时土优塔处理 CTK/IAA 值要高于人工打顶处理，而此时

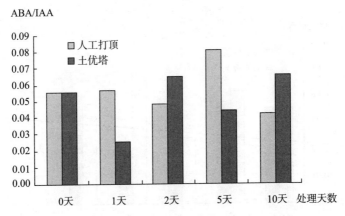

图 4-19　不同打顶处理后倒四叶 ABA/IAA 比值变化趋势

GA_3/IAA 比值是人工打顶高于土优塔处理。分析人工打顶与土优塔处理 CTK 含量、IAA 含量及 CTK/IAA 比值变化趋势图发现，CTK/IAA 比值的变化趋势更接近于 CTK 含量的变化趋势，而与 IAA 含量的变化趋势差异较远，这也与 GA_3/IAA 比值变化趋势一致（图 4-20）。

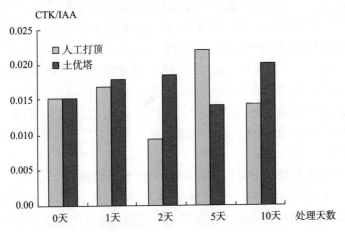

图 4-20　不同打顶处理后倒四叶 CTK/IAA 比值变化趋势

4. 土优塔处理对倒四叶 ABA/CTK 比值的影响

土优塔处理 ABA/CTK 比值变化趋势与人工打顶处理变化趋势一致,呈单峰曲线,并且在处理 5 天前其值都小于人工打顶处理,仅仅在处理 10 天时其值高于人工打顶处理,但差异不显著。分析人工打顶与土优塔处理 CTK 含量、ABA 含量及ABA/CTK比值变化趋势图发现,ABA/CTK 比值的变化趋势更接近于 ABA 含量的变化趋势,而与 CTK 含量的变化趋势差异较远,说明打顶处理后对 ABA 含量的影响要大于对 CTK 含量的影响(图 4-21)。

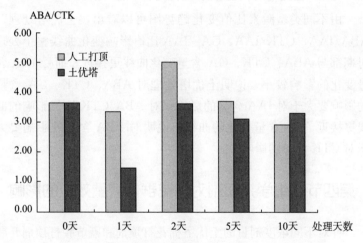

图 4-21　不同打顶处理后倒四叶 ABA/CTK 比值变化趋势

四、讨论

(一)人工打顶对内源激素变化趋势的影响

由 5 种不同内源激素变化趋势可以看出,人工打顶处理对GA$_3$、ABA 的影响主要是在处理 10 天后,对这两类激素前期的影响不大;对 IAA、CTK、ZR 的影响是在整个处理过程中,并且最终都能回归到不控处理的水平。由不同类型激素比值变化趋势可以看出，人工打顶对 GA_3/IAA、ABA/IAA、CTK/IAA 比值的影响在整个处理过程中都呈双峰曲线，其中对 GA_3/IAA、CTK/IAA 比值的影响都与 GA_3、CTK 含量变化曲线一致，而与 IAA 含量变化曲线相差较大，说明人工打顶对 GA_3、CTK 含量的影响远大于对 IAA 含量的影响。对 ABA/IAA、ABA/CTK 比值的影响则根据不同激素含量的变化而改变，说明这几类激素相互之间的作用机制相似。

（二）土优塔对内源激素变化趋势的影响

由不同类型激素比值变化趋势图可以看出，土优塔处理对 ABA/IAA、CTK/IAA、GA_3/IAA 比值影响变化曲线整个处理时期都与 ABA、CTK、GA_3 含量变化曲线更接近，而受 IAA 含量变化的影响较小，说明土优塔处理对 ABA、CTK、GA_3 含量的影响要大于对 IAA 含量的影响。对 ABA/CTK 比值影响的曲线更接近 ABA 含量变化的曲线，说明对 ABA 含量的影响要大于对 CTK 含量的影响。

第四节　化学打顶剂对棉花群体容量效应的影响

针对不同浓度剂量的土优塔棉花打顶剂和氟节胺打顶剂开展小区田间试验，研究化学打顶剂对群体冠层分层透光率、群体及分层叶面积指数、群体成铃率、群体源库关系的变化特征，明确化学打顶剂对不同群体指标的影响，揭示化学打顶剂对高产群体指标的影响机理，进而为化学打顶代替人工打顶的可行性、为棉花打顶技术的推广和今后大面积生产应用提供科学依据。

一、试验概况

试验于 2014 年在农试场 2～5 号地进行，供试品种为早熟陆地棉新陆早 53 号。棉花生长季 4～10 月平均气温 19.6℃，日照时数 2 142.6 小时，有效光照的活动积温 4 007.9℃（石河子气象局提供）。试验地为壤土。

供试药剂：土优塔棉花打顶水剂由东立信生物工程有限公司生产，氟节胺由浙江和田化工有限公司生产。

二、试验设计

试验地前茬为棉花，采用超宽膜（2.05 米）1 膜 6 行（66 厘米＋10 厘米）机采棉模式播种，播幅为 4.56 米，株距为 0.1 米，滴灌带布置方式为 1 膜 3 带。2014 年 4 月 18 日播种，2014 年 9 月底收获，保苗株数和收获株数分别为 22.0 万株/公顷和 16.5 万株/公顷左右。

试验采用随机区组设计，设三个处理，分别为土优塔棉花打顶水剂 30 毫升/亩、50 毫升/亩、70 毫升/亩，分别用 A1、A2、A3 表示，以人工打顶作为对照（CK）（7 月 10 日人工打顶），土优塔于 7 月 10 日喷施；氟节胺处理为：（60＋150）毫升/亩、（100＋150）毫升/亩、（140＋150）毫升/亩，分别用 B1、B2、B3 表示，氟节胺 1 号药剂 6 月 25 日喷施，氟节胺 2 号药剂 7 月 8 日喷施。小区面积 45.6 米^2，重复 3 次，供试品种为新陆早 53 号。各处理施肥水平和缩节胺应用时间及剂量一致。共随水滴施纯氮（N）20 千克/亩、P_2O_5 5 千克/亩和 K_2O 3.5 千克/亩，氮肥的来源为尿素，P_2O_5 和 K_2O 的来源为磷酸二氢钾。每年于头水前、7 月 2～3 日、7 月 9～10 日分别喷施 2.5 克/亩、2 克/亩、10 克/亩缩节胺。其他管理措施同当地大田。试验采用随机区组设计，化学打顶剂为土优塔棉花打顶水剂和氟节胺。

三、测定项目

分别于关键生育时期测定各处理的叶面积指数、群体光吸收、群体光合速率和干物质累积与分配状况。

吐絮期各小区随机选均匀有代表性的植株 20 株，调查棉花株高（子叶节到最顶端距离）、果枝台数等农艺性状，调查单株结铃数，收取连续 10 株吐絮铃（整株）并统计铃数，室内考种后得到单铃重和衣分数据。最后对小区实收计产。

（一）不同化学打顶剂剂量对叶面积指数的影响

试验表明（表 4-5），两种药剂在棉花各个生育期都随剂量增加，叶面积指数呈现降低趋势，但处理间差异未达显著水平。

表 4-5 不同化学打顶剂剂量对棉花群体叶面积指数的影响

药剂	处理	生育时期		
		盛花期	盛铃期	吐絮期
土优塔	A1	2.95a	3.60a	3.24a
	A2	2.90a	3.55a	3.19a
	A3	2.81a	3.44a	3.10a
	CK	2.93a	3.51a	3.21a
氟节胺	B1	2.89a	3.54a	3.18a
	B2	2.84a	3.49a	3.13a
	B3	2.75a	3.38a	3.04a
	CK	2.87a	3.45a	3.15a

（二）不同化学打顶剂剂量对群体透光率的影响

群体光吸收与叶面积指数密切相关。试验表明，化学打顶剂剂量增加，群体光吸收减少，表明漏光增加。分析表明，群体光吸收与叶面积指数的相关系数为 0.76（$R < 0.01$），达到显著水平。化学打顶通过改善冠层透光性能为扩大群体容量提供了生态基础（表 4-6）。

表 4-6　不同化学打顶剂剂量对群体光吸收的影响

药剂	处理	生育时期		
		盛铃前期	盛铃期	吐絮期
土优塔	A1	0.85a	0.90a	0.84a
	A2	0.84a	0.87a	0.83a
	A3	0.81a	0.91a	0.79a
	CK	0.83a	0.92a	0.84a
氟节胺	B1	0.82a	0.87a	0.81a
	B2	0.81a	0.84a	0.80a
	B3	0.78a	0.88a	0.76a
	CK	0.80a	0.89a	0.81a

（三）不同化学打顶剂剂量对群体光合速率的影响

群体光合速率与叶面积指数和群体光吸收密切相关（表 4-7）。试验表明，群体光合速率随着剂量增大、叶面积指数降低和群体光吸收降低而降低。但处理间差异均未达显著水平。土优塔处理群体光合速率要略高于氟节胺处理。

表 4-7　不同化学打顶剂剂量对群体光合速率的影响〔微摩尔／（米² · 秒）〕

药剂	处理	生育时期		
		盛花期	盛铃期	吐絮期
土优塔	A1	26.4a	32.6a	19.8a
	A2	23.9a	30.7a	18.8a
	A3	22.1a	28.5a	16.7a
	CK	26.3a	32.2a	17.9a
氟节胺	B1	25.9a	32.1a	19.4a
	B2	23.5a	30.2a	18.3a
	B3	21.6a	28.1a	16.2a
	CK	25.9a	31.0a	17.4a

（四）不同化学打顶剂剂量对干物质累积与分配的影响

试验表明（表 4-8），低剂量处理干物质累积和分配比率最低，中剂量处理最高，高剂量处理影响了干物质的累积和分配比率。

表 4-8　不同化学打顶剂剂量对干物质累积与分配的影响（克/株）

药剂	处理	盛花期		盛铃期		吐絮期	
		单株	分配比	单株	分配比	单株	分配比
土优塔	A1	23.4a	0.29	54.8a	0.42	78.3a	0.56
	A2	23.6a	0.32	55.8a	0.45	85.5a	0.59
	A3	22.6a	0.31	52.2a	0.44	83.8a	0.58
	CK	23.5a	0.33	53.4a	0.46	84.6a	0.58
氟节胺	B1	23.1a	0.25	54.5a	0.38	78.0a	0.52
	B2	23.3a	0.28	55.5a	0.41	85.2a	0.56
	B3	22.3a	0.26	51.9a	0.39	83.5a	0.55
	CK	23.2a	0.29	53.1a	0.42	84.3a	0.54

（五）不同化学打顶剂剂量对农艺性状和产量构成因素的影响

试验表明（表 4-9），两种药剂处理株高和果枝台数均随着剂量增加而降低，且要显著高于对照。土优塔处理的棉花单株结铃随着剂量增加有增加趋势。从不同处理的单铃重来看，土优塔处理对单铃重无显著影响，但氟节胺低剂量、高剂量处理均显著降低了单铃重。两种药剂剂量对衣分均无显著影响。从最终结果来看，两种药剂均表现为中剂量产量稍高，低剂量和高剂量产量稍低。

表 4-9　化学打顶剂施用剂量对棉花农艺及产量性状的影响

药剂	处理	株高 （厘米）	果枝 台数	单株铃数 （个/株）	单铃重 （克）	衣分 （%）	产量 （千克/公顷）
土优塔	A1	77.6a	14.5a	6.3b	5.0a	0.423a	145.4b
	A2	75.8a	14.4a	6.7ab	4.9a	0.413a	162.1a
	A3	68.3b	12.6b	7.1a	4.7a	0.429a	151.7ab
	CK	67.8b	9.0c	7.3a	4.9a	0.426a	157.4ab
氟节胺	B1	94.4a	16.8a	7.2a	4.4c	0.422a	146.3d
	B2	87.2ab	13.6b	7.1a	4.9a	0.419a	160.4a
	B3	82.0b	12.6b	7.4a	4.5bc	0.429a	149.4c
	CK	67.2c	9.3c	7.0a	4.9ab	0.432a	158.8b

第五章 棉花化学打顶剂配套生产技术

第一节 北疆早熟陆地棉化学打顶技术规程

一、范围

本标准规定了北疆早熟陆地棉化学打顶技术规程的技术指标和操作技术要求。

本标准适用于新疆种植早熟陆地棉品种的棉区。棉区气候生态条件：≥10℃有效积温≥3 600℃，无霜期≥180 天，7 月平均温度为 25.5～27.8℃，全年日照时数≥2 700 小时。

二、规范性引用文件

下列文件对于本文件的应用是必不可少的。凡是注日期的引用文件，仅注日期的版本适用于本文件。凡是不注日期的引用文件，其最新版本（包括所有的修改单）适用于本文件。

GB/T 3242—2012《棉花原种生产技术操作规程》。

GB 4285—1989《农药安全使用标准》。

GB/T 8321.1—2000《农药合理使用准则》。

三、打顶方式

采用机械喷施化学药剂方式对棉花进行打顶，即将化学打顶剂加入打药机车药箱进行田间喷施，兼具打顶和调节植物生长两种功效，从而实现抑制棉株顶尖生长。

四、化学打顶技术

（一）选用药剂

土优塔棉花化学打顶剂（主要成分：20%～25%的氟节胺乳剂、0.01%萘硼酸、15%～20%的乳化剂、8%～15%的分散剂、5%～10%的助溶剂和2%～5%的稳定剂）。

新疆金棉化学打顶剂（主要成分：缩节胺、缓释剂、助剂等）。

（二）施药前栽培管理

棉花播种至花铃期的田间栽培管理措施按照 GB 1103—2007 和 GB/T 3242—2012 的要求操作。

（三）喷药时间

根据不同地域的气候、土壤条件和棉花品种，株高在 55～65 厘米或果枝台数在 6～8 台，7 月 5～15 日开始使用。

喷药时间与灌溉滴水时间需进行调整，喷药时间应在上下两次滴水的中间，也就是滴水后 4～5 天是喷药的最佳时间。

（四）药剂用量

土优塔棉花化学打顶剂用量为 40～50 毫升/亩，添加缩节胺 5 克/亩，兑水 20～25 千克/亩。顶喷的喷头高度控制在离棉株顶部 20 厘米，以利于药液充分喷施到棉株顶端。

新疆金棉化学打顶剂用量 50～60 毫升/亩，添加缩节胺 2 克/亩，兑水 20～25 千克/亩。顶喷的喷头高度控制在离棉株顶部 30 厘米，以利于药液充分喷施到棉株顶端。

打顶剂不可与其他农药和叶面肥混用，只能与缩节胺混配喷施。对于生长过旺的棉田，可在化学打顶前 5～10 天进行化学调控一次，在当地正常化学调控使用量的基础上，酌情增加缩节胺

3～5 克/亩混合使用。对于长势一般或生长较弱的棉田，按当地正常化学调控使用量进行缩节胺化学调控。

（五）配药方法

配药方法按 GB/T 8321.1—2000 要求操作，药剂需进行二次稀释后使用。具体方法：①配药前准备好水桶一个、量具一个，以保证配药的准确性；②用量具称量计算好的药剂剂量，将药剂倒入水桶配制母液，向药箱内加水一半，将母液加入药箱进行回水搅拌，再把水加满搅拌均匀。

（六）打药机车规范操作技术

机车与喷雾器连接确保牢固可靠，喷杆的安装要与地面平行，高度适当。施药机械用泵应具有调压、卸荷装置，在额定或最高工作压力范围内应能平稳地调压，喷雾压力 0.4 兆帕。施药前应在额定工作压力下进行装水试喷运转试验，不出现响声、连接件松动、漏油、漏水现象。施药机械必须配有三级过滤和防腐性能。喷药前检查工作按 GB 4285—1989 操作。

配置好的母液倒入药箱后，要充分搅拌均匀，方可下地作业。喷洒时应先给动力，然后打开送液开关喷洒，停车时应先关闭送液开关，后切断动力。在地头回转过程中，动力输出轴始终应旋转，以保持药箱内液体的搅拌，但送液开关必须为关闭状态。

机车在进入棉田前必须清洗药箱、喷管、喷头，调试好喷头，做到雾化良好、药液均匀，下水量 20～25 千克/亩，喷杆高度离棉株 20～30 厘米，机车作业速度控制在二档，每小时 4 千米。

（七）喷药后注意事项

一是化学打顶剂需与缩节胺相互协调剂量使用，不可与农药和叶面肥混合使用。二是施药时需要根据每个往返的面积确定施药液量，做到定点、定量加药加水，往返核对，每罐和每地块都弄清，施药前标记行走路线，做到不漏不重。三是喷洒作业中应注意风速、风向，机械喷雾风速应低于 4 米/秒。应勤检查喷头有无堵塞现象，如有堵塞应立即停车清洗。四是产品中加入强力黏合展着剂施药，6 小时以内遇降雨无需再次喷施。五是应避开雨天和中午阳光直射时段，以在 17～18 点进行喷施效果最佳，产品不可在 0℃以下存放。

第二节　新疆早熟陆地棉化学打顶与后期管理技术规程

一、范围

本标准规定了新疆早熟陆地棉化学打顶技术规程的技术指标和操作技术要求。

本标准适用于新疆种植早熟陆地棉品种的棉区。棉区气候生态条件：≥10℃有效积温≥3 600℃，无霜期≥180 天，7 月平均温度在 25.5～27.8℃，全年日照时数≥2 700 小时。

二、规范性引用文件

下列文件对于本文件的应用是必不可少的。凡是注日期的引用文件，仅注日期的版本适用于本文件。凡是不注日期的引用文件，其最新版本（包括所有的修改单）适用于本文件。

GB/T 3242—2012《棉花原种生产技术操作规程》。

GB 4285—1989《农药安全使用标准》。

GB/T 8321.1—2000《农药合理使用准则》。

NY/T 1133—2006《采棉机作业质量标准》。

三、术语和定义

1. 棉花花铃期

50％棉株开花到 50％棉株吐絮为花铃期，历时 60 天左右。

2. 棉花吐絮期

50％棉株棉铃开裂至收花结束为吐絮期，正常吐絮（不打脱叶剂）历时 75 天左右。

3. 滴水周期

两次滴水的间隔时间为滴水周期。

4. 滴水定额

单位灌溉土地面积上滴灌的总水量为滴水定额。

5. 基肥

棉花犁地后播种前一段时间结合土壤耕作施用的肥料为基肥。

四、新疆早熟陆地棉化学打顶后期管理技术

（一）花铃期管理

1. 栽培管理目标

早结伏前桃，多结伏桃，增花保铃，增加铃重，防止早衰。

2. 长势长相与田间苗情诊断指标

盛铃期果枝始节 16～20 厘米，第 1～4 果枝节间长度平均 4.0～5.0 厘米，第 4～8 果枝节间平均长度 5.0～5.5 厘米。棉花群体冠层在 7 月底封大行，冠层呈"下封上不封，中间一条缝"，8 月下旬至 9 月上旬棉田出现"绿叶托白絮"的长相。

3. 化学调控

棉花花铃期调控以水控为主，根据具体情况在化学打顶后 5～10 天时，喷施缩节胺 10～15 克/亩。叶面追施磷酸二氢钾 200 克/亩，喷施硼肥一次，用量 50 克/亩。喷后 7～10 天，若棉花仍有生长趋势，可再次喷施缩节胺 10～15 克/亩。

4. 肥水管理

灌好花铃水，重施花铃肥。

7 月滴水 3～4 次，滴水周期 7～9 天，滴水定额 23～35 米^3/

亩。滴肥 3 次，其中第一次，尿素（3～4 千克/亩）＋高磷钾肥（2～3 千克/亩）；第二次，尿素（4～5 千克/亩）＋高磷钾肥（3～4 千克/亩）；第三次，尿素（5～6 千克/亩）＋高磷钾肥（3～4 千克/亩）。同时，结合最后一次化控喷施硼肥 80 克/亩。

8 月滴水 2 次，滴水周期 9～10 天，滴水定额 35～45 米³/亩；滴肥 2 次，每次尿素 5～6 千克/亩＋高磷钾肥 2～3 千克/亩；8 月 25 日左右停水。

5. 病虫害防治

7 月 10～15 日防治三代棉铃虫，采用光谱式杀虫灯或性引诱剂诱杀成果蛾。同时做好田间调查，按 GB 4285—1989 和 GB/T 8321.1—2000 操作，防治棉叶螨、棉蚜等虫害。

（二）吐絮期管理

1. 栽培管理目标

促进早熟，防早衰或贪青晚熟，增铃重，提高品质。

2. 催熟脱叶技术

在 9 月 5 日左右，平均气温≥20℃维持在 5 天以上，棉田吐絮率≥35％，喷施脱吐隆（15 毫升/亩）＋乙烯利(80～100 毫升/亩)。

3. 适时采收

具体方法参照 NY/T 1133—2006 执行。

4. 秸秆还田，施肥犁地

10 月中下旬粉碎棉秆，回收滴灌带、残膜等，施基肥、犁地、平地达待播状态。

第三节　北疆杂交棉化学打顶与后期管理技术规程

一、范围

本标准规定了北疆杂交棉化学打顶技术规程的技术指标和操作技术要求。

本标准适用于新疆种植杂交棉品种的棉区。棉区气候生态条件：≥10℃有效积温≥3 600℃，无霜期≥180 天，7 月平均温度在 25.5～27.8℃，全年日照时数≥2 700 小时。

二、规范性引用文件

下列文件对于本文件的应用是必不可少的。凡是注日期的引用文件，仅注日期的版本适用于本文件。凡是不注日期的引用文件，其最新版本（包括所有的修改单）适用于本文件。

GB 1103—2012《棉花　细绒棉》。

GB/T 3242—2012《棉花原种生产技术操作规程》。

GB 4285—1989《农药安全使用标准》。

GB/T 8321.1—2000《农药合理使用准则》。

NY/T 1133—2006《采棉机作业质量标准》。

三、术语和定义

1. 杂交棉

杂交棉是指通过育种程序选育并通过省级或国家农作物品种审定委员会审定命名的棉花杂交种一代。

2. 棉花花铃期

50％棉株开花到 50％棉株吐絮为花铃期，历时 60 天左右。

3. 棉花吐絮期

50％棉株棉铃开裂至收花结束为吐絮期，正常吐絮（不打脱叶剂）历时 75 天左右。

4. 滴水周期

两次滴水的间隔时间。

5. 滴水定额

单位灌溉土地面积上滴灌的总水量。

6. 基肥

棉花犁地后至播种前结合土壤耕作施用的肥料。

四、打顶方式

采用机械喷施顶喷＋吊喷的化学药剂方式对棉花进行打顶，即将化学打顶剂加入打药机车药箱进行田间喷施，兼具打顶和调节植物生长两种功效，从而实现抑制棉株顶尖生长。

五、化学打顶技术

（一）选用药剂

土优塔棉花化学打顶剂（主要成分：20％～25％的氟节胺乳剂、0.01％的萘硼酸、15％～20％的乳化剂、8％～15％的分散剂、5％～10％的助溶剂和2％～5％的稳定剂）。

新疆金棉化学打顶剂（主要成分：缩节胺、缓释剂、助剂等）。

（二）施药前栽培管理

棉花播种至花铃期的田间栽培管理措施按照 GB/T 3242—2012 的要求操作。

（三）喷药时间

根据不同地区的土壤和棉花长势，只要达到品种产量要求的果枝台数同时结合打顶的原则进行喷药。第一次施药时间：当棉株高度在65～75厘米或果枝达到7～8台时，7月5～10日（高度、台数只要其中有一个达到要求并且在适合的时间时即可）开始喷药。第二次喷药时间：株高在75～80厘米，果枝台数在10～11台，正常情况在7月15～20日开始喷药。

喷药时间与灌溉滴水时间需进行调整，喷药时间应在上下两次滴水的中间，也就是滴水后4～5天是喷药的最佳时间。

（四）药剂用量

第一次施药，采用顶喷（机械喷施），药剂用量 40～60 毫升/亩，添加缩节胺2～5克/亩，兑水25千克/亩；10～15天后若发生二次生长，可进行第二次施药，第二次采用顶喷＋吊喷的方式（机械喷施），药剂用量为 50～60 毫升/亩，兑水 40 千克/亩；顶喷的喷头高度控制在离棉株顶部 20～30 厘米，以利于药液充分喷施到棉株顶端。不可与其他农药和叶面肥混用，只能与缩节胺混配喷施。

对于生长过旺的棉田，可在化学打顶前 5～10 天进行一次化学调控，在当地正常化学调控使用量的基础上，酌情增加缩节胺 3～5 克/亩混合使用。对于长势一般或生长较弱的棉田，按当地正常化学调控使用量进行缩节胺化学调控。

六、北疆杂交棉后期管理技术

（一）花铃期管理

1. 栽培管理目标

早结伏前桃，多结伏桃，增花保铃，增加铃重，防止早衰。

2. 化学调控

花铃期调控以水控为主，化学调控为辅。在第一次化学打顶后5～10 天时，喷施缩节胺 10～15 克/亩；在第二次化学打顶后 5～10 天时，喷施缩节胺 15～18 克/亩。

3. 肥水管理

灌好花铃水，重施花铃肥。

7月滴水 3～4 次，滴水周期 7～9 天，滴水定额 30～35 米^3/亩。滴肥 3 次：第一次，尿素（3～4 千克/亩）＋高磷钾肥（2～3 千克/亩）；第二次，尿素（4～5 千克/亩）＋高磷钾肥（3～4 千克/亩）；第三次，尿素（5～6 千克/亩）＋高磷钾肥（3～4 千克/亩）。同时，结合最后一次化学调控喷施硼肥 80 克/亩。

8月滴水 2 次，滴水周期 9～10 天，滴水定额 35～40 米^3/亩；滴肥 1 次，尿素（5～6 千克/亩）＋高磷钾肥（2～3 千克/亩）；8 月 25 日左右停水。

4. 病虫害防治

做好田间调查，按 GB 4285—1989 和 GB/T 8321.1—2000 操作，防治棉叶螨、棉蚜、棉铃虫等虫害。

（二）吐絮期管理

1. 栽培管理目标

促进早熟，防早衰或贪青晚熟，增铃重，提高品质。

2. 催熟脱叶技术

在 9 月 1～5 日，铃期≥55 天，平均气温≥20℃维持在 3 天以上，棉田吐絮率≥35％，分两次喷施脱叶催熟剂，第一次喷施脱吐隆（15 毫升/亩）＋乙烯利（80 毫升/亩），7 天后第二次喷施脱吐隆（12 毫升/亩）。

3. 适时采收

具体方法参照 NY/T 1133—2006 执行。

4. 秸秆还田，施肥犁地

10 月底粉碎棉秆，回收滴灌带、残膜等，施基肥、犁地、平地达待播状态。

第四节　南疆中熟陆地棉化学打顶与后期管理技术规程

一、范围

本标准规定了南疆中熟陆地棉化学打顶与后期管理技术规程的技术指标和操作技术要求。

本标准适用于南疆棉区及生态条件相近的其他棉区。棉区气候生态条件：≥10℃有效积温≥4 000℃，无霜期≥200 天，7 月平均温度在 24.5～27.5℃，全年日照时数≥2 700 小时。

二、规范性引用文件

下列文件对于本文件的应用是必不可少的。凡是注日期的引用文件，仅注日期的版本适用于本文件。凡是不注日期的引用文件，其最新版本（包括所有的修改单）适用于本文件。

GB/T 3242—2012《棉花原种生产技术操作规程》。

GB 4285—1989《农药安全使用标准》。

GB/T 8321.1—2000《农药合理使用准则》。

NY/T 1133—2006《采棉机作业质量标准》。

三、术语和定义

1. 棉花花铃期

50%棉株开花到50%棉株吐絮为花铃期，历时60天左右。

2. 棉花吐絮期

50%棉株棉铃开裂至收花结束为吐絮期，正常吐絮（不打脱叶剂）历时75天左右。

3. 滴水周期

两次滴水的间隔时间为滴水周期。

4. 滴水定额

单位灌溉土地面积上滴灌的总水量为滴水定额。

四、打顶方式

采用机械喷施化学药剂方式对棉花进行打顶，即将化学打顶剂加入打药机车药箱进行田间喷施，兼具打顶和调节植物生长两种功效，从而实现抑制棉株顶尖生长。

五、化学打顶技术

（一）选用药剂

土优塔棉花化学打顶剂（主要成分：20%～25%的氟节胺乳剂、0.01%的萘硼酸、15%～20%的乳化剂、8%～15%的分散剂、5%～10%的助溶剂和2%～5%的稳定剂）。

新疆金棉化学打顶剂（主要成分：缩节胺、缓释剂、助剂等）。

（二）施药前栽培管理

棉花播种至花铃期的田间栽培管理措施按照GB/T 3242—2012的要求操作。

（三）喷药时间

根据不同地域的气候、土壤条件和棉花品种，株高在55～65厘米或果枝台数在6～8台，7月5～15日开始使用。

喷药时间与灌溉滴水时间需进行调整，喷药时间应在上下两次滴水的中间，也就是滴水后3～5天是喷药的最佳时间。

（四）药剂用量

药剂用量为40～60毫升/亩，添加缩节胺6～7克/亩，兑水25～30千克/亩。顶喷的喷头高度控制在离棉株顶部20～30厘米，以利于药液充分喷施到棉株顶端。不可与其他农药混用，只能与缩节胺混配喷施。

对于生长过旺的棉田，可在化学打顶前5天进行一次化学调控，在当地正常化学调控使用量的基础上，酌情增加缩节胺3～5克/亩混合使用。对于长势一般或生长较弱的棉田，按当地正常化学调控使用量进行缩节胺化控。

六、南疆中熟陆地棉后期管理技术

（一）花铃期管理

1. 栽培管理目标

早结伏前桃，多结伏桃，增花保铃，增加铃重，防止早衰。

2. 化学调控

花铃期调控以水控为主，在化学打顶后7～10天时，喷施缩节胺10～15克/亩。若出现二次生长或长势过旺，可再次喷施缩节胺 10～15 克/亩。

3. 肥水管理

7 月滴水 4 次，滴水周期 6～7 天，滴水定额 30～35 米³/亩。滴肥 4 次：第一次，尿素（3～5 千克/亩）＋高磷钾肥（1～2 千克/亩）；第二次，尿素（3～5 千克/亩）＋高磷钾肥（1.5～2 千克/亩）；第三次，尿素（5～6 千克/亩）＋高磷钾肥（2～3 千克/亩）；第四次，尿素（5～6 千克/亩）＋高磷钾肥（2～3 千克/亩）。同时，结合最后一次化控喷施硼肥 80 克/亩。

8 月滴水 3 次，滴水周期 9～10 天，滴水定额 35～40 米³/亩。滴肥 2 次：第一次，尿素 5～6 千克/亩＋高磷钾肥 2～3 千克/亩；第二次，尿素 3～5 千克/亩＋高磷钾肥 2～3 千克/亩。8 月 30 日左右停水。

4. 病虫害防治

做好田间调查，按 GB 4285—1989 和 GB/T 8321.1—2000 操作，防治棉叶螨、棉蚜、棉铃虫等虫害。

（二）吐絮期管理

1. 栽培管理目标

促进早熟，防早衰或贪青晚熟，增铃重，提高品质。

2. 催熟脱叶技术

在 9 月 10～15 日，铃期≥45 天，平均气温≥20℃维持在 5 天以上，棉田吐絮率≥35％，分两次喷施脱叶催熟剂，第一次喷施脱吐隆（15 毫升/亩）＋乙烯利（80～100 毫升/亩），7 天后第二次喷施脱吐隆 15 毫升/亩。

3. 适时采收

具体方法参照 NY/T 1133—2006 执行。

4. 秸秆还田，施肥犁地

11 月中旬粉碎棉秆，回收滴灌带、残膜等，施基肥、犁地、平地达待播状态。

第五节　新疆棉花化学打顶后期脱叶技术规程

一、范围

本标准规定了新疆棉区陆地棉化学打顶后期的技术指标和操作技术要求。

本标准适用于新疆种植陆地棉品种的棉区。棉区气候生态条件：≥10℃有效积温≥3 600℃，无霜期≥180 天，7 月平均温度在 24.7～27.8℃，全年日照时数≥2 700 小时。

二、规范性引用文件

下列文件对于本文件的应用是必不可少的。凡是注日期的引用文件，仅注日期的版本适用于本文件。凡是不注日期的引用文件，其最新版本（包括所有的修改单）适用于本文件。

NY/T 1133—2006《采棉机作业质量标准》。

GB 4285—1989《农药安全使用标准》。

GB/T 8321.1—2000《农药合理使用准则》。

三、新疆棉花化学打顶后期脱叶技术

（一）脱叶剂剂型与配方

1. 南疆剂型与配方

脱吐隆（10～15 毫升/亩）＋伴宝（12 毫升/亩）＋乙烯利（70～100 毫升/亩）。

瑞脱龙（20～25 克/亩）＋乙烯利（70～100 毫升/亩）。

2. 北疆剂型与配方

脱吐隆（12～15 毫升/亩）＋伴宝（20 毫升/亩）＋乙烯利（80～100 毫升/亩）。

瑞脱龙（25～45 克/亩）＋乙烯利（80～100 毫升/亩）。

3. 用药基本原则

（1）正常棉田用量偏少，过旺棉田用量偏多。

（2）早熟品种用量偏少，晚熟品种用量偏多。

（3）Ⅰ～Ⅱ式果枝品种用量偏少，Ⅱ式果枝以上品种用量偏多。

（4）喷期早的用量偏少，喷期晚的用量偏多。

（5）密度小的棉田用量偏小，超高密度棉田用量偏多。

（二）喷药时间与配药方法

1. 喷药时间

平均气温≥20℃维持在5天以上，棉田吐絮率≥35%，达到NY/T 1133—2006的要求，北疆在9月5～10日，南疆在9月10～15日。

2. 配药方法

喷雾用水需要沉淀或过滤，达到100目的过滤要求。向药箱先加一半水，用另外容器配制母液，将母液加入药箱的同时进行回水搅拌，再把水加满搅拌均匀。助剂一般最后加入药箱。

（三）作业机械的基本要求

（1）使用高架自走式喷雾机或高架拖拉机（最小地隙高度不少于80厘米）配套悬挂吊杆式喷雾机。喷雾器配备140型以上隔膜泵，机车带有油底兜布并在行走轮上安装分禾器。

（2）水平喷杆端直且与地面平行，高度适当；喷头（直径1毫米）向下，距离棉柱顶端30厘米左右，对准窄行顶部中间位置，喷杆折叠处作业时要使用锁扣或弹簧。

（3）垂直吊杆应悬挂于棉花宽行的中间位置，吊杆实施封闭包装，吊杆长度为80～85厘米，每个吊杆上设置6个喷头，分3层左右对置安装在吊杆的上、中、下部，从上至下距离配置为40厘米、20厘米、20厘米，吊杆上的喷头露出吊杆外管不超过5毫米。吊杆的弹力要适中，吊杆下部喷头升高10厘米时弹力控制在 0.8～1 千克，在吊杆底部配重 0.5～0.7 千克。

（4）施药前应在额定工作压力下，进行装水试喷运转试验，不出现响声、连接件松动、漏油、漏水现象。施药机械必须配有三级过滤和防腐性能。喷药前检查工作按 GB 4285—1989 操作。

（四）田间作业

（1）根据预先在地头插好的标杆，喷药机车采用梭形行进，机车喷雾压力 0.3 兆～0.5 兆帕，作业速度严格控制在慢 4 档匀速作业，行走速度在 4～5 千米/时，每亩地不少于 40 千克水。不重、不漏，不跑、冒、滴，雾化效果良好。

（2）在作业中，应勤检查喷头有无堵塞现象，如有堵塞应立即停车清洗。

（3）早熟棉品种用药剂量。脱吐隆（15 毫升/亩）＋伴宝（12 毫升/亩）＋乙烯利（80～100 毫升/亩）；瑞脱龙（20～25 克/亩）＋乙烯利（80～100 毫升/亩）。

（4）中熟棉、Ⅱ果枝以上、杂交棉品种用药剂量：第一次喷施脱吐隆（10～15 毫升/亩），7 天后第二次喷施脱吐隆（10～12 毫升/亩）＋伴宝（12 毫升/亩）＋乙烯利（70～100 毫升/亩）；第一次喷施瑞脱龙（25～30 克/亩）＋乙烯利（70～100 毫升/亩），7 天后第二次喷施瑞脱龙（10～20 克/亩）。

（5）在正常作业的第一个行程后必须校正喷药量。

（五）作业后的清洗与保养

每天喷药作业结束后，用清水冲洗药箱、泵、管路、喷头和过滤系统。全部喷药作业完毕，对喷雾机动力输出、喷杆等部件进行清洗，然后涂油保养，防止生锈和残留药剂腐蚀。

（六）安全要求

（1）喷药过程中要注意安全防护工作，严格按照技术操作规程进行作业。配药点必须远离生活用水源区，确保人畜安全。

（2）机具连接安全可靠，传动部分必须有防护装置，机械作业时，严禁非工作人员靠近作业区域。机械排除故障时，必须切断动力输出。机具检修时，必须带防护用品，作业期间做好操作人员的安全防护。

（3）药剂使用、运输和管理要严格按照 GB 4285—1989 和 GB/T 8321.1—2000 执行。

第六节　新疆棉区化学打顶田间化学调控技术

一、缩节胺的使用原则

（一）早、轻、勤的原则

早：在棉花子叶展平或现行时即开始化学调控，早化学调控有利于促进果枝分化和早现蕾，降低始果节位，同时也能防止高脚苗。

轻：由于新疆生态区、土壤类型以及棉花品种对缩节胺敏感性不同，缩节胺的用量宜轻。

勤：根据现阶段地膜覆盖和滴灌棉田早苗齐发、群体发展快的特性，应采用"少量多次""轻控、勤控"原则，使棉株始终在调控范围内生长，到达丰产稳产的目的。

（二）"时间决定部位，用量决定强度"原则

化学调控的部位取决于化学调控的时间，据前人研究结论：N 叶龄化学调控，可控 N 节、$(N-1)$ 节和 $(N-2)$ 节。化学调控作用大小在用量上体现，施用量越大，化学调控效果越明显。

（三）与水肥调控相结合的原则

在棉花生产中，大水、大肥很容易导致棉株旺长。现阶段新疆棉花化学调控技术已经将缩节胺与肥水有机地结合起来。比如在灌头水之前，以缩节胺调控为主；在灌头水之后，以水肥调控为主，缩节胺配合化调。

（四）根据内外因素分类调控原则

缩节胺化学调控用量要根据当地气候情况、土壤肥力、棉花品种特性、棉株发育进程等多个因素来灵活掌握。近些年研究发现：早熟品种对缩节胺敏感，用量宜轻。中晚熟品种和生长势强的品种，缩节胺用量稍重些。特别是黏性土壤棉田，应前期轻控后期重控，而沙性土壤的棉田应前期重控后期轻控。

二、缩节胺使用技术

施用缩节胺的时间与用量：由于现阶段新疆棉区已大面积推广膜下滴灌技术，原有的施用缩节胺技术已无法满足农业生产需要，施用缩节胺的时间与用量应符合新模式下种植棉花的生长发育和产量经济效益的双重需求。

1. 1～2 片真叶期

两叶平展，缩节胺的用量不宜过大，一般用量为 4.5～7.5克/公顷。弱苗可以不调。此时化学调控可促进花芽分化为果枝，降低始果枝节位高度，达到早现蕾的目的。

2. 4～8 叶期

顶部四片叶位于同一平面，植株矮胖，株高 15～17 厘米，主茎日生长量 0.3～0.4 厘米。六片叶构成亭字形株型，株高17～19 厘米，主茎日生长量 1～1.2 厘米，红茎比例为 50%，节间长度 3.5～4 厘米。一般用量 7.5～15 克/公顷，壮苗偏下限，旺苗偏上限。

3. 现蕾期至头水前

棉田叶色深绿，株高 20～40 厘米，日生长量 1.0～1.2 厘米，节间长度 4～4.5 厘米，红茎比例为 60%。为了塑造棉花的理想株型，旺苗、壮苗棉田除了适当推迟头水外，也可根据苗情施用缩节胺，北疆一般用量为 15～22.5 克/公顷，南疆为 18～22.5 克/公顷。

4. 头水后至开花期

棉株进入盛蕾期，营养生长速度明显加快。以水肥调控为主，只需对长势过旺的棉田进行化学调控，通常在滴灌后 2～3 天进行。北疆棉田用量一般为 22.5～30 克/公顷，南疆为 22.5～37.5 克/公顷。

5. 花期

棉花进入营养生长与生殖生长并进时期，此时还以水肥调控为主，主要针对长势过旺的棉田进行化学调控。长势过旺的棉田表现为：顶部叶片深绿色持续褪淡，呈现出淡黄色，顶部节间显著伸长；植株高大，枝叶繁茂，红茎比例小于 60%，株行密闭，通风透光率差。北疆缩节胺用量一般为 37.5～40 克/公顷，南疆为 22.5～37.5 克/公顷。

6. 打顶后 7～10 天

棉花打顶后，棉株主茎停止生长，顶部果枝开始伸长。为抓住盖顶桃，应在打顶后 1 周左右、顶部果枝伸长 3～5 厘米时进行化学调控。北疆缩节胺用量一般为 150～225 克/公顷；南疆为了多结盖顶桃，将化学调控分 2 次进行，第一次在顶部果枝伸长到 8～10 厘米时，用缩节胺 90～120 克/公顷；第二次在顶部果枝第二果节伸长到 5～8 厘米时，用缩节胺 120～150 克/公顷。两次喷施的间隔约 1 周。

三、使用缩节胺的效果与注意事项

1. 使用缩节胺后的效果

（1）喷施 3～5 天后叶色开始变深，10～15 天后药效发挥最好，喷施缩节胺 30～40 天后，叶色仍然较深。

（2）棉株提早 3～5 天现蕾。

（3）棉田长势平稳，整齐度一致。

（4）有效控制株高，顶部叶片变厚变小，提高棉株上半部的透光率。

（5）增产 3%～5%。

2. 使用缩节胺的注意事项

（1）使用质量合格的缩节胺，选择产品时应选用生产许可证、产品登记证、产品规格、标准号、产品通用名、有效成分含量、有效期等信息齐全的产品，购买时应索要发票作为凭证。

（2）根据棉花品种对缩节胺的敏感程度和各生育阶段长势情况，并结合当地实际情况，科学确定施用量。

（3）根据施用面积算出缩节胺的实际用量，称量配置成母液，再加入药箱，填入足量的水并搅拌均匀。

（4）喷雾前要清洗和检查喷药器械、喷头，确保喷药过程正常进行。喷洒过程中要求均匀、不重喷、不漏喷，确保喷药质量。

（5）喷药前可在田间插上标杆，作为喷药后要进行田间棉株长势诊断的依据。

第七节　土优塔棉花打顶剂化学打顶配套栽培管理技术

一、范围

本标准规定了新疆早熟陆地棉化学打顶配套栽培管理技术规程的标准化、栽培模式、技术指标和操作技术要求。

本标准适用于新疆种植早熟陆地棉品种的棉区。棉区气候生态条件：≥10℃有效积温≥3 600℃，无霜期≥180 天，7 月平均温度在 25.5～27.8℃，全年日照时数≥2 700 小时。

二、规范性引用文件

下列文件对于本文件的应用是必不可少的。凡是注日期的引用文件，仅注日期的版本适用于本文件。凡是不注日期的引用文件，其最新版本（包括所有的修改单）适用于本文件。

GB/T 3242—2012《棉花原种生产技术操作规程》。

GB 4285—1989《农药安全使用标准》。

GB/T 8321.1—2000《农药合理使用准则》。

NY/T 1133—2006《采棉机作业质量标准》。

三、术语和定义

1. 生育时期

棉花的生育时期包括播种出苗期、蕾期、花铃期、吐絮期五个时期。

2. 出苗期

棉田幼苗出土，全田有50%的棉苗2片子叶展平变绿的日期。

3. 现蕾期

全田有50%的棉株第一果枝叶腋出现三角形花蕾（约3毫米），肉眼可见的日期。

4. 盛蕾期

全田有50%的棉株第四果枝达到现蕾标准的日期。

5. 开花期

全田有50%的棉株基部任一果枝第一朵花开放的日期。

6. 盛花期

全田有50%的棉株第四果枝达到现蕾标准的日期。

7. 吐絮期

全田有50%的棉株基部任一果枝上第一个棉铃开裂露出白絮的日期。

8. 苗期

从出苗期到现蕾期所经历的时间。

9. 蕾期

从现蕾期到开花期所经历的时间。

10. 花铃期

从开花期到吐絮期所经历的时间。

11. 株高

从棉株子叶节到主茎顶端的距离。

12. 果枝始节

自下而上第一个结铃的果枝所在的节位。

13. 成铃

棉铃从幼铃生长到直径达到 2 厘米时。

14. 三桃

指伏前桃、伏桃、秋桃。新疆 7 月 15 日之前达到成铃标准的棉铃称为伏前桃，7 月 16 日至 8 月 10 日的成铃称为伏桃，8 月 10 日以后的成铃成为秋桃。

15. 单铃重

单个棉铃吐絮后籽棉的质量。

16. 衣分

皮棉质量占籽棉质量的百分比。

17. 膜下滴灌种植技术

膜下滴灌种植技术是将覆膜种植技术与滴灌技术相结合的一种高效节水滴灌技术，是将水利、农业、农机等多学科结合的综合性技术。

18. 棉花花铃期

50％棉株开花到 50％棉株吐絮为棉花花铃期，历时 60 天左右。

19. 棉花吐絮期

50％棉株棉铃开裂至收花结束为吐絮期，正常吐絮（不打脱叶剂）历时 75 天左右。

20. 滴水周期

两次滴水的间隔时间。

21. 滴水定额

单位灌溉土地面积上滴灌的总水量。

22. 滴灌灌溉制度

棉花播种前灌溉及全生育期内的滴水次数、滴水间隔周期、滴水定额及滴灌定额。

23. 基肥

棉花犁地后播种前一段时间结合土壤耕作施用的肥料。

24. 追肥

棉花生长期间所施用的肥料。

25. 叶面肥

将棉花生长发育所需的养分元素以营养液的形式喷洒到棉花叶片上，达到补充棉花养分目的的肥料。

四、栽培管理

（一）播前准备

1. 品种选择

选用早熟、优质、高产、耐病、株型较紧凑、吐絮较为集中、适宜于机械采收的已审定品种。

2. 种子质量要求

种子发芽率≥92%，纯度≥95%，净度≥98%，含水率≤12%，残酸≤0.15%，破籽率≤3%。

3. 土地准备

选择土层深厚，盐渍化轻，土壤质地以壤土、轻黏土为好。0～20厘米土层有机质平均含量≥1.0%；土壤碱解氮≥60毫克/千克，速效磷≥20毫克/千克，速效钾≥120毫克/千克，土壤总盐量≤0.3%。

棉田土壤培肥。每亩种植面积上施农家肥 2.0×10^3 ～ 2.5×10^3 千克（也可用油渣100～150千克，或加工专用有机肥300～400千克），磷酸二铵20～25千克、硫酸锌1～2千克、硫酸锰0.1～1.2千克；在秋季犁地前机施，机械深翻入土。

秋季贮备灌溉。每亩灌溉量100～120米³；带茬灌每亩灌溉量60～80米³。

播前整地和化学除草。春季地表解冻后及时进行整地，土地初平后，每亩用除草剂160～170克。土壤封闭结束后，切耙至待播状态。播前机械整地后，应做到三无，即无残膜、无残秆、无大土块，达到"齐、平、松、碎、净、墒"六字标准。

（二）播种出苗阶段

1. 栽培管理目标

适期播种，一播全苗。

2. 综合技术

（1）适期播种

当气温稳定≥10℃，膜内5厘米地温连续3天稳定通过12℃时开始播种，一般年份最佳播种期为4月10～15日。若采取"干播湿出"播种方式，在播后24小时内进行滴水补墒。

（2）铺膜及播种方式

在狠抓整地质量、种子质量、铺膜播种质量三个基本环节的基础上，采用高密度宽膜播种机复式作业，即铺毛管、铺膜、播种、覆土一次完成。

①膜上精量点播方式。机采棉配置模式（10厘米＋66厘米＋10厘米＋66厘米＋10厘米）×9.5厘米，2.05米超宽膜，2膜12行，1膜2管，1管2行的布管滴灌方式。

②铺膜质量要求。铺膜播种作业，要求膜行直，膜面平展，采光面大，松紧适中，膜边垂直入土5厘米左右，压土严密。

③播种量。1穴1粒，2.0～2.5千克/亩，空穴率<1.5%。

④播种深度。播深1.5～2.0厘米，种行膜面覆土厚度1.0～1.5厘米。

⑤播种质量要求。播行端直，行距一致，下籽均匀，深浅适合，覆土严密，接行准确，到头到边。

（3）播后田间管理

机械铺膜播种同时，坚持人工辅助查膜覆土；风多地区的黏土地，每隔 8~10 米，膜行垂直打土埂，均匀分布，以防大风揭膜；铺膜播种后，密切注视气温变化，做好防灾（低温、大风等）准备工作。

（三）苗期管理阶段

1. 栽培管理目标

出早苗，保全苗，促壮苗早发。

2. 长势长相与田间苗情诊断指标

株高 20~25 厘米，红茎比例为 50%，主茎日增量 0.3~0.5 厘米，倒四叶宽 5~7 厘米，5~6 叶龄现蕾。

3. 综合技术

各项栽培技术措施的实施要突出一个"早"字，做到机械与人工相结合，保质保量完成。

（1）查苗覆土

棉田现行后，要查苗覆土，解放错位苗，封好"护脖土"，穴口要封严。至 4 月 30 日前结束，出苗率≥90%，保苗≥85%，每亩保苗株数达到 $1.5×10^4$~$1.6×10^4$。

（2）中耕除草

在出苗后进行中耕，深度 14~16 厘米。

（3）病虫害防治

4 月下旬若发现田边杂草有越冬代的棉叶螨，可有选择性喷洒专性杀螨剂作为棉田保护带；加强虫情调查，查找中心虫株，插标记，采用抹、摘、拔、喷等方法防治。

（4）化学调控

子叶展平 2 叶期，进行叶面喷施缩节胺，每亩用量 1.0~1.5 克。

（四）蕾期管理阶段

1. 蕾期管理目标

多现蕾，早开花，发棵稳长，搭好丰产架子。

2. 长势长相与田间苗情诊断指标

现蕾期主茎日生长量 0.5～0.8 厘米，盛蕾期株高 35～45 厘米，主茎日生长量 0.8～1 厘米，叶龄 10～11 片，倒四叶宽 9～10 厘米；开花期株高 50～55 厘米，主茎日增量 1.2～1.4 厘米，叶龄 12～14 片，倒四叶宽 10～12 厘米，果枝 7～8 台。

3. 综合技术

根据棉苗的长势进行因苗管理，以正确应用化学调控技术、合理的水肥运筹、综合防治病虫害为中心，塑造理想的株型，协调棉株营养生长和生殖生长关系。

（1）化学调控

现蕾期 6～7 叶龄，缩节胺用量 1.5～2.0 克/亩。棉株盛蕾期 10～11 叶龄，即滴头水前缩节胺用量为 1.5～2.0 克/亩，同时加入磷酸二氢钾和尿素各 150 克/亩，叶面喷施；缺锌和硼的棉田同时喷施硼肥和锌肥，用量分别为 30～50 克/亩和 10～12 克/亩。

（2）滴水和施肥

6 月共滴水 2 次，滴水周期 9～10 天。第一次滴水一般在 6 月 10～15 日进行，滴水定额 30～35 米³/亩；每次滴水追施尿素 2.0～3.0 千克/亩、磷酸二氢钾 1～2 千克/亩。

（3）病虫害防治

在第一次滴水前加强虫情调查，棉蚜、棉叶螨中心虫株插标记，用专用杀螨剂进行防治棉叶螨，按 GB 4285—1989 和 GB/T 8321.1—2000 标准操作。

（五）花铃期管理

1. 栽培管理目标

早结伏前桃，多结伏桃，增花保铃，增加铃重，防止早衰。

2. 长势长相与田间苗情诊断指标

盛花期主茎日生长量 2.0～2.2 厘米，叶龄 13～14 片，倒四叶宽 10～11 厘米，株高 70～75 厘米；盛铃期果枝始节 16～20 厘米，第一至四果枝节间平均长度 4.5～5.5 厘米，第四至八果枝节间平均长度 5 厘米。棉花群体冠层在 7 月底封大行，冠层呈"下封上不封，中间一条缝"，8 月下旬至 9 月上旬棉田出现"绿叶托白絮"的长相。

3. 综合技术

以肥水管理为中心，结合化学调控、打顶、防治病虫害。

（1）化学调控

①选用化学打顶药剂。土优塔棉花化学打顶剂（主要成分：20％～25％的氟节胺乳剂、0.01％的萘硼酸、15％～20％的乳化剂、8％～15％的分散剂、5％～10％的助溶剂和 2％～5％的稳定剂）。

②药剂喷药时间。根据不同地域的气候、土壤条件和棉花品种，株高在 55～65 厘米或果枝台数在 6～8 台，7 月 5～15 日开始使用。喷药时间与灌溉滴水时间需进行调整，喷药时间应在上下两次滴水的中间，也就是滴水后 4～5 天是喷药的最佳时间。

③药剂用量。药剂用量 40～50 毫升/亩，如果棉花长势旺盛可适当加缩节胺 3～5 克/亩，兑水 20～25 千克/亩。顶喷的喷头高度控制在离棉株顶部 20 厘米，以利于药液充分喷施到棉株顶端。

④配药方法。配药方法按 GB/T 8321.1—2000 要求操作，药剂需进行二次稀释后使用，具体方法：首先，配药前准备好水桶一个、量具一个，以保证配药的准确性；其次，用量具称量计算好的药剂剂量并倒入水桶配制母液，再向药箱内加水一半，将母液加入药箱进行回水搅拌；最后，把水加满并搅拌均匀。

⑤打药机车规范操作技术。机车与喷雾器连接确保牢固可靠，喷杆的安装要与地面平行，高度适当。施药机械用泵应具有调压、卸荷装置，在额定或最高工作压力范围内应能平稳地调压，喷雾压力 0.4 兆帕。施药前应在额定工作压力下，进行装水

试喷运转试验，不出现响声、连接件松动、漏油、漏水现象。施药机械必须配有三级过滤和防腐性能。喷药前检查工作按GB 4285—1989 操作。

将配置好的母液倒入药箱后，要充分搅拌均匀，方可下地作业。喷洒时应先给动力，然后打开送液开关喷洒；停车时应先关闭送液开关，然后切断动力。在地头回转过程中，动力输出轴始终应旋转，以保持药箱内液体的搅拌，但送液开关必须为关闭状态。

在机车进入棉田前必须清洗药箱、喷管、喷头，调试好喷头，做到雾化良好，药液均匀，下水量为 30～40 千克/亩，喷杆高度离棉株 20 厘米，机车作业速度控制在二档，每小时 4 千米。

⑥喷施化学打顶药剂后注意事项。一是化学打顶剂需与缩节胺相互协调剂量使用，不可与农药和叶面肥混合使用。二是施药时需要根据每个往返的面积确定施药液量，做到定点、定量加药加水，往返核对，每罐和每地块都弄清，施药前标记行走路线，做到不漏不重。三是喷洒作业中应注意风速、风向，机械喷雾风速应低于 4 米/秒。应勤检查喷头有无堵塞现象，如有堵塞应立即停车清洗。四是产品中加有强力黏合展着剂，施药 6 小时以内遇降雨无需再次喷施。五是应避开雨天和中午阳光直射时段，以在下午 17～18 点进行喷施，此时段效果最佳。六是产品不可在 0℃以下存放。

⑦喷施化学打顶药剂后配套田间管理。花铃期调控以水控为主，根据具体情况在化学打顶后 5～10 天时，喷施缩节胺 10～15 克/亩。叶面追施磷酸二氢钾 200 克/亩，喷施硼肥一次，用量 50 克/亩。喷后 7～10 天，若棉花仍有生长趋势，可再次喷施缩节胺 10～15 克/亩。

（2）肥水管理

灌好花铃水，重施花铃肥。7 月滴水 3～4 次，滴水周期 7～9 天，滴水定额 23～35 米^3/亩。滴肥 3 次：第一次，尿素（3～

4 千克/亩）＋高磷钾肥（2～3 千克/亩）；第二次，尿素（4～5 千克/亩）＋高磷钾肥（3～4 千克/亩）；第三次，尿素（5～6 千克/亩）＋高磷钾肥（3～4 千克/亩）。同时，结合最后一次化学调控喷施硼肥 80 克/亩。

8 月滴水 2 次，滴水周期 9～10 天，滴水定额 35～45 米³/亩；滴肥 2 次，每次用尿素（5～6 千克/亩）＋高磷钾肥（2～3 千克/亩）；8 月 25 日左右停水。

（3）病虫害防治

7 月 10～15 日防治三代棉铃虫，采用光谱式杀虫灯或性引诱剂诱杀成果蛾。同时做好田间调查，按 GB 4285—1989 和 GB/T 8321.1—2000 操作，进行棉叶螨、棉蚜等虫害的综合防治。

（六）吐絮期管理

1. 栽培管理目标

促进早熟，防早衰或贪青晚熟，增铃重，提高品质。

2. 催熟脱叶技术

在 9 月 5～10 日，平均气温≥20℃维持在 3 天以上，棉田吐絮率≥35％，喷施脱吐隆（15 毫升/亩）＋乙烯利（100 毫升/亩）。

3. 适时采收

具体方法参照 NY/T 1133—2006 执行。

4. 秸秆还田，施肥犁地，冬灌

10 月中下旬粉碎棉秆，回收滴灌带、残膜等，施基肥、犁地、平地达待播状态。有条件进行冬灌的棉田，可在犁地后及时冬灌，灌量每亩为 100～120 米³，灌水做到不串灌、不跑水，确保灌溉质量。

第八节　禾田福可打顶剂化学打顶使用技术

为保证禾田福可化学打顶剂在棉花上的应用效果，为今后棉花大面积推广使用化学打顶技术提供科学指导，特制定本技术操作规程。

一、喷药时间

根据棉花长势、高度、果枝台数以及打顶时间确定施药时间。

第一次施药时间：当株高达到 60～65 厘米，果枝台数达到 5～6 台，时间在 6 月 25 日左右时（高度、果枝台数和时间其中一个达到要求即可施药），开始喷药。

第二次喷药时间：株高在 65～70 厘米，果枝台数在 7～8 台，正常情况在 7 月 10～15 日开始喷药。

二、用药剂量

第一次施药，采用顶喷（机械喷施），禾田福可化学打顶剂用药量为 80 克/亩，每亩用水量 40 千克，旺长的棉田加缩节胺 8～10 克/亩。

第二次施药，采用顶喷加吊喷（机械喷施），禾田福可化学打顶剂用量为 120 克/亩，每亩用水量 50 千克，旺长的棉田加缩节胺 6～8 克/亩。

三、配药方法

将喷雾罐内加入半罐清水后，将配好的母液倒入罐中，再加满清水至喷雾罐，即可田间作业。

四、喷施要求

机车在进入棉田前要调试好喷头，喷杆高度离棉株顶端 30 厘米左右，喷头以扇形喷头实行全覆盖喷雾，确保棉株顶部生长点充分接触药液，机车作业速度控制在时速 3 千米左右。

五、注意事项

禾田福可化学打顶剂必须两次施药，第一次施药配方和第二次施药配方不同，严格按照瓶口上标识使用："标识①"属一次施用，"标识②"属第二次施用，请勿混淆。

禾田福可化学打顶剂只抑制棉株顶端优势，起到替代人工打顶作用，而缩节胺主要抑制细胞拉长，起控制节间长短和株高的作用，所以禾田福可化学打顶剂和缩节胺不能互相替代，但两者存在协同作用，可混用。

为了保证使用效果，滴灌棉花每次施药后 3～5 天内严格控制灌水和施氮肥，严禁与含有激素类的农药和叶面肥（芸薹素内酯、胺鲜酯、磷酸二氢钾、尿素等）混用，可与微量元素混合使用。

若喷施后 4 小时内下雨，要减量重新补喷。

六、禾田福可化学打顶剂配套使用栽培技术

（一）品种选择

品种选择既要考虑早熟性、抗逆性、抗病抗虫性，又要注重产量、衣分等品质，要求消除品种多、乱、杂现象，以各地区确定的主栽品种及搭配品种去选择。质量要求：棉种纯度、净度 98％以上，发芽率 85％以上，健籽率 90％以上，含水率 12％以下，破籽率 5％以下。

（二）适时播种

当膜下 5 厘米地温稳定通过 12℃时即可播种。

正常年份 4 月初进行试播，4 月 10 日大量播，4 月 20 日结束。播种建议采用宽膜、膜上精量点播、机采棉种植模式，每亩保株数 1.3 万～1.5 万株。

（三）田间管理

棉苗现行及时中耕。要求中耕不拉沟，不拉膜，不埋苗，土

地平整、松碎、镇压严实，中耕深度 12～14 厘米，宽 22 厘米。其目的是改善土壤的透气性，提高地温，减少烂种和立枯病，实现苗全、齐、壮。及时化学调控，第一次化学调控在棉苗出齐现行后进行，每亩用缩节胺 0.5～1 克，其目的是控制果枝始节以下棉株自然高度，促进根系发育，提高叶片光合强度，培育壮苗。适时化学调控，第二次化学调控在两片真叶时进行，每亩用缩节胺 1.5～2 克。其目的是控制棉株节间长度和促进花芽分化。第三次化学调控在头水前进行，缩节胺用量 3～4 克，此时间也是化学打顶剂氟节胺第一次用药时段。

（四）水肥运筹

坚持以地定产、以产定肥的施肥原则，氮肥 20% 作基肥，80% 在生育期随水滴施；磷肥 70%～80% 作基肥，20%～30% 在生育期随水滴施；钾肥 100% 随水滴施。棉花生育期水肥分布全生育期，每亩滴水量为 250～280 米^3，每亩施肥 120～130 千克。机采棉 8 月 20 日停止施肥，8 月 25 日左右停水。

（五）病虫害防治

采用综合防治，严格指标，选择用药，对棉铃虫、叶螨、棉蚜，防治要做好早调查、早防治、增益控害等有效措施。使用氟节胺能有效避免人工打顶带来的棉蕾外伤，减轻人为的病虫害传播，对病虫害起到一定的防治作用。

（六）棉田后期管理

要做好贪青棉田促早熟工作，对晚熟棉田 8 月 1 日前必须再喷施一次缩节胺，每亩用量 10～12 克，除净田间杂草。

第九节　金棉打顶剂化学打顶使用技术

为保证金棉打顶剂在棉花上的应用效果，为今后棉花大面积推广使用化学打顶技术提供科学指导，特制定本技术操作规程。

一、喷药时间

金棉化学打顶剂应用时间的把握比较关键，过早或过晚均不利于发挥棉花高产潜力。通过示范应用表明，在棉花盛花期前后应用金棉化学打顶剂的效果最佳（全田有 50％的棉花第 4 台果枝开花时为盛花期），即棉花有 2～5 台果枝开花时应用，此时棉株一般共有果枝 8～11 台。为了充分利用有效光热资源，对于进入盛花期早的棉田（如 6 月底 7 月初就进入盛花期的棉田），可以取开花果枝数的下限，即等到 5 台果枝开花时化学打顶；而对于进入盛花期晚的棉田（如 7 月下旬后进入盛花期的棉田），可以取开花果枝数的上限，即当有两台果枝开花时就应用化学打顶剂。化学打顶剂的应用时间一般不宜早于 7 月 1 日，也不宜晚于 7 月 20日，最佳应用时间为 7 月 10～15 日，上午 12 点前或下午 6 点后。

二、用药剂量

金棉化学打顶剂的适宜剂量为 40～60 毫升/亩。其剂量视棉花长势的增强而增加，对于长势偏弱、水肥条件欠佳的棉田为40 毫升/亩；对于管理水平高、长势稳健的棉田为 50 毫升/亩；对于地力好、水肥条件充足、长势偏旺的棉田为 60 毫升/亩。对缩节胺敏感的棉花品种所用的剂量可略低，对缩节胺不敏感的品种所用的剂量可略高。

三、配药方法

选择合适的打顶剂量后，按每亩 30 千克水量，先将喷雾罐内加入半罐清水，然后将配好的母液倒入罐中，再加满清水至喷雾罐，搅拌均匀即可田间作业。

四、喷施要求

棉花化学控制是棉花栽培过程中协调棉花营养生长和生殖生

长的重要措施，与产量的关系密切，因此无论是化学打顶棉田还是人工打顶棉田，化学控制的时间和次数以及化控剂量都会对最终产量有一定的影响。化学打顶棉田在化控方面要做好以下两方面：一是应用化学打顶剂前打好化学调控基础。在进行化学打顶之前，棉花的化控基础要良好，使棉花生长稳健，避免棉花在化学打顶时处于旺长态势。棉花化学打顶的时间一般处于盛花期，是棉花营养和生殖生长两旺的时期，为了使棉花生长稳健、不徒长，可以在初花时进行一次化学调控，即在化学打顶前3～5天进行一次化学调控，具体缩节胺剂量根据棉花长势而定，每亩用量控制在5～10克/亩。二是化学打顶后进行定株型化学调控。与人工打顶一样，为了稳定棉花株型，化学打顶后3～5天也需要一次常规的定株型化学调控，缩节胺剂量为10～15克/亩。对于化学打顶后的个别后期长势很旺的棉田，缩节胺剂量为15～18克/亩。

打药机田间作业速度、喷头至棉花顶尖距离等要求：喷头离棉株顶端约30厘米，喷头以扇形喷头平喷全覆盖，不能吊喷，确保棉株顶部生长点充分接触药液，机车作业速度控制在时速约3千米。喷药压力足，雾化效果好，喷雾量30千克/亩。

五、注意事项

一是打顶剂只抑制棉株顶端优势，起到替代人工打顶作用。而缩节胺主要抑制细胞拉长，起控制节间长短和株高的作用，所以打顶剂和缩节胺不能互相替代，但可混用。二是为了保证使用效果，两次施药后3～5天内不能进水肥。三是严禁与含有激素类的农药和叶面肥（芸薹素内酯、胺鲜酯、磷酸二氢钾、尿素等）混用，可与微量元素（硼、锰、锌）混合使用。四是若喷施后6小时内下雨，要减量重新补喷。

参 考 文 献

董春玲，罗宏海，张亚黎，等，2013. 喷施氟节胺对棉花农艺性状的影响及化学打顶效应研究 [J]. 新疆农业科学，50 (11)：1985-1990.

贾玉芳，2014. 植物生长调节剂在果蔬上的应用现状及发展前景 [J]. 农村经济与科技 (2)：59, 96.

李新裕，陈玉娟，2001. 新疆垦区长绒棉化学封顶取代人工打顶试验研究 [J]. 中国棉花，28 (1)：11-12.

李雪，朱昌华，夏凯，等，2009. 辛酸辛酯、癸酸甲酯和 6-BA 对棉花去顶的影响 [J]. 棉花学报，21 (1)：70-80.

刘兆海，孙昕路，李吉琴，等，2014. 化学免打顶剂在棉花上的实验效果 [J]. 农村科技 (3)：5-7.

马空军，孙月华，马凤云，2002. 植物生长调节剂在棉花上的应用现状 [J]. 新疆大学学报，19 (S1)：8-10.

孟鲁军，2004. 棉花化学整枝的技术与效果 [J]. 农村科技开发 (3)：19-20.

苏成付，邱新棉，王世林，等，2012. 烟草抑芽剂氟节胺在棉花打顶上的应用 [J]. 浙江农业学报，24 (4)：545-548.

孙国军，李克富，彭延，2014. 南疆棉区棉花利用氟节胺打顶技术试验 [J]. 棉花科学，36 (2)：23-25.

田效园，韩锦峰，刘华山，2016. 外源物质处理对烟叶内源激素含量的影响 [J]. 安徽农业科学，44 (8)：26-27, 121.

王艳红，檀华蓉，高丽萍，等，2008. 高效毛细管电泳分离多种植物激素的方法研究 [J]. 激光生物学报，17 (6)：840-844, 852.

徐宇强，张静，管利军，等，2014. 化学打顶对东疆棉花生长发育主要性状的影响 [J]. 中国棉花，41 (2)：30-31.

易正炳，陈忠良，刘海燕，2013. 化学打顶整枝剂在棉花上的应用效果 [J]. 中国农机推广，29 (5)：32-33.

参 考 文 献

张凤琴，2011. 化学整枝剂对棉花生长的影响 [J]．新疆农垦科技（2）：18-19.

赵强，周春红，张巨林，等，2011. 化学封顶对南疆棉花农艺和经济性状的影响 [J]．棉花学报，23（4）：329-333.

LI C J，BANGERTH F，2003. Stimulatory effect of cytokinins and interaction with IAA on the release of lateral buds of pea plants from apical dominance [J]．J Plant Physiol，160（9）：1059-1063.

后　记

　　自 2013 年开始，项目组承担了新疆生产建设兵团技术转移项目"新型棉花打顶剂引进与示范"（项目编号：2013BD049），项目组全体同仁兢兢业业、共同奋斗、排除万难，历经 5 年多的不懈努力，不负兵团农业科技主管部门的重托，在 2017 年 7 月通过了兵团科技局组织的项目成果验收。本项目通过引进国内不同化学打顶剂进行比较试验，对筛选出的土优塔化学打顶剂进行了不同区域、不同棉花品种的试验示范，打净率达到 90％以上；制定了南、北疆地区棉花化学打顶技术规程 5 套，并在生产上示范应用；建立了试验示范基地 6 个，累计推广应用 160.17 万亩，累计新增经济效益 6 553.09 万元；发表论文 13 篇；培养博士 1 名，硕士 2 名，技术骨干 50 名；举办现场会 10 次，开展技术培训 8 次，培训 1 588 人，发放技术资料和书籍 2 668 份，编写棉花化学打顶生产技术培训教材 3 套，培训手册 1 套；申报国家发明专利 6 项（授权 2 项）；制定企业标准 1 项，地方标准 2 项。这些成就为项目组 5 年多的辛勤工作画上了一个圆满句号。

　　项目组决定把我们的科技成果推向更广阔的地区，为科技兴农贡献一份力量，由项目组主持人及主要完成人执笔，完成了这部书稿。实现兵团棉花的全程机械化，需要全社会的共同努力。希望本书能够为兵团棉花产业化发展提供科学依据和参考。书中提出的技术理念、方法、措施是基于开展本项目研发而得出的结论，或许有它的局限性，恳请各位读者不吝赐教，使新疆棉花化学打顶生产技术在新疆大地上结出丰硕的成果，并发扬光大。

编者

2017 年 10 月

图书在版编目（CIP）数据

棉花化学打顶技术与应用 / 王刚，陈兵主编 . —北京：中国农业出版社，2018.7（2019.6 重印）

ISBN 978-7-109-24065-0

Ⅰ . ①棉… Ⅱ . ①王… ②陈… Ⅲ . ①棉花－摘心 Ⅳ . ①S562

中国版本图书馆 CIP 数据核字（2018）第 085738 号

中国农业出版社出版

（北京市朝阳区麦子店街 18 号楼）

（邮政编码 100125）

责任编辑　魏兆猛

文字编辑　徐志平

北京中兴印刷有限公司印刷　新华书店北京发行所发行

2018 年 7 月第 1 版　2019 年 6 月北京第 2 次印刷

开本：850mm×1168mm　1/32　印张：3.75

字数：89 千字

定价：18.00 元

（凡本版图书出现印刷、装订错误，请向出版社发行部调换）